建筑项目工程与造价管理

陈 波 战丽丽 李 凌 主 编

吉林科学技术出版社

图书在版编目（CIP）数据

建筑项目工程与造价管理 / 陈波，战丽丽，李凌主编 . -- 长春 : 吉林科学技术出版社，2022.5
ISBN 978-7-5578-9277-7

Ⅰ . ①建… Ⅱ . ①陈… ②战… ③李… Ⅲ . ①建筑工程—项目管理②建筑造价管理 Ⅳ . ① TU71 ② TU723.3

中国版本图书馆 CIP 数据核字 (2022) 第 072685 号

建筑项目工程与造价管理

主　　编　陈 波 战丽丽 李 凌
出 版 人　宛 霞
责任编辑　李玉铃
封面设计　姜乐瑶
制　　版　姜乐瑶
幅面尺寸　185mm×260mm
开　　本　16
字　　数　230 千字
印　　张　13.625
印　　数　1–1500 册
版　　次　2022年5月第1版
印　　次　2022年5月第1次印刷

出　　版　吉林科学技术出版社
发　　行　吉林科学技术出版社
地　　址　长春市南关区福祉大路5788号出版大厦A座
邮　　编　130118
发行部电话/传真　0431-81629529　81629530　81629531
　　　　　　　　81629532　81629533　81629534
储运部电话　0431-86059116
编辑部电话　0431-81629510
印　　刷　廊坊市印艺阁数字科技有限公司

书　　号　ISBN 978-7-5578-9277-7
定　　价　68.00元

编委会

·前　言·

在市场经济飞速发展的大环境下，建筑行业也迎来了新的机遇，机遇与挑战往往并存，行业内部的竞争，外部大环境的趋势，都给建筑行业带来非常大的冲击，而且工程项目管理造价是贯穿整个建筑工程始终的工作，对企业的利润空间有着至关重要的影响，如果对其有效的控制，科学的管理，达到企业利益最大化的目的，就能增强企业的竞争实力，对提高企业的行业地位具有重要影响作用。

建筑工程管理工作十分关键，运用科学的管理方法可以更好地分派和查验日常的工作任务，使其不但能按设计要求的品质完成相应工作，并且能够对其工程进度进行相应的管理，使全部工程项目处在正常情况。并且合适的项目管理方法可较好地开展相应的结构规划，更好地控制相关工作，与建筑施工相互配合，能够更优地完成建设工程工作。推动企业战略目标的实现，有益于公司的经济发展，提高管理质量。

在工程建设过程中，工程项目预期或者实际用于工程建设的费用通常用工程造价表示。影响工程造价的因素很多，如国家政策、材料人工价格波动、地理环境等，具有复杂性，且贯穿于建设过程的各个阶段，影响巨大。我国大多数建设工程在实际操作时常常出现最终竣工结算投资超出施工预算、施工预算超出初步设计概算、初步设计概算超出可行性研究估算等现象，究其原因，就是因为没有分阶段进行合理科学的造价管理。因此，在确保建设项目质量的前提下，通过对工程造价进行有效的管理，可以控制建筑施工成本，降低超概算等现象出现的概率，把工程造价控制在合理范围之内。

·目 录·

第一章　建筑工程项目管理模式及标准化管理

第一节　建筑工程项目管理模式的理论及发展

一、建筑工程项目管理理论

（一）项目管理的概念及特征

项目是指在一定的约束条件下（主要是限定资源、限定时间等）具有特定目标的一次性任务。它的基本特征是一次性、单件性、具有一定的约束条件、具有生命周期。

项目管理是指在一定的约束条件下，为达到目标对项目所实施的计划、组织和控制的过程。其中一定的约束条件是指定项目目标的依据，计划、组织、控制则是项目管理的职能。

（二）建筑工程项目管理的概念及特征

1.建筑工程项目的定义与特点

建筑工程项目是指在限定资源，限定时间的条件下，一次性完成基本特定功能和目标的整体管理对象。建筑工程项目的特点如下：任何一个工程项目必须具有明确的建设目的；任何一个工程项目都有其特殊性，世上没有两个完全相同的工程项目。故工程项目具有一次性特点，无法按照重复的模式去生产；任何工程项目都由若干功能要求组成的质量要求指标，工程项目的成果必须保证质量要求的实现；任何工程项目都是在一定的投资额控制下完成的；任何工程项目的建设都有一个限定的工期。

2.建筑工程项目管理的概念与特点

建筑工程项目管理是指在建设项目的周期内，应用项目管理的理论、观点和方法，对建筑工程项目的决策和实施进行全面管理。它的主要内容是以具体的建筑工程为对象，依据签订的承包经济合同，建立与建筑工程项目相适应的管理体系，通过质量控制、费用控制、进度控制、信息管理等手段，确保工程项目总体目标的最优实现。

建筑工程项目管理的特点如下：目标和责任的明确性，管理的复杂性及科学性。

（三）建筑工程项目管理的任务

1.建立项目管理组织

明确本项目参加单位在项目周期内的组织关系和联系渠道，并选择合适的项目组织形式，建立项目管理班子。

2.进度控制

编制各种需要的进度计划，绘制网络图，确定关键线路；经常检查进度计划执行情况，解决执行过程中出现的问题，协调各专业的进度，必要时对原计划作适当的调整。

3.费用控制

编制费用计划，采用一定的方式、方法，将费用控制在计划目标内。

4.质量控制

规定各项工作的质量标准；对各项工作进行质量监督和验收；处理质量问题。

5.合同管理

起草合同文件，参加合同谈判，签订、修改合同；处理合同纠纷、索赔等事宜。

6.信息管理

明确参与项目的各单位以及本单位内部的信息流，相互间信息传递的形式，时间和内容；确定信息收集和处理的方法、手段。

二、建筑产品的特性对项目管理的要求

建筑业是一个劳务密集型产业，它的产品生产具有固定性、多样性、形体庞大和建设周期长等特点，这些特点使得建筑企业的生产经营过程具有流动性、阶段性、季节性和生产能力负荷的不均匀性等，使建筑项目管理者面临许多特殊的经济问题。

（一）劳动生产率提高要求

建筑企业不可能在工厂或固定的生产线上制造最终产品。与此相反，施工过程中劳动对象固定，劳动者和劳动资料流动。这种生产力结合的方式，决定了它不可能具有工业化生产条件下的生产效率，也不可能有效利用工业工程的技术手段改善劳动条件，提高劳动生产率。建筑产品的生产过程中，虽然部分工序可以实现机械化、半机械化，但总体上讲，增加产值或缩短工期主要靠增加劳动力。

（二）生产场地多变要求

由于产品的固定性和多样性，建筑企业必须在业主指定的地点组织生产，当一个工程项目完工时，企业的人员、设备和现场设施必须转移，包括跨地区的转移。这种转移是一种不创造价值的生产耗费过程，其费用对工程造价和承包人的经营成本有很大的影响。

（三）生产的均衡要求

现代工程规模巨大，工程项目的建设往往需要组织一支庞大的劳务大军，但由于在工程建设的不同阶段（准备、施工、收尾）对劳动力的需求有很大的差别，加上季节因素对施工的影响，以及采用竞争投标方式获取工程任务时任务来源的不稳定性，建筑企业的生产能力很难连续均衡负荷。

上述建筑产品及其生产过程的个性和建设工程项目管理内在的经济问题，决定了在一定技术与价格条件下，提高建筑业经济效益的关键性因素是生产力的组织方式，因此要求工程项目管理必须以符合建筑产品及其生产过程个性的生产力组织方式为核心，建立科学的组织体系，并在此基础上完善计划和控制手段。

三、我国建筑工程项目管理组织形式的历史发展

我国是世界四大文明古国之一，自古以来就有许多闻名于世的土木建筑工程的营造。12世纪初，即北宋后期，由主管工程的李诫编修的《营造法式》是一部由官方向全国发行的建筑法规性质的专书，成为人类工程建设中的一份珍贵遗产。当时公房的经营方式是由官府主持征工征料营造的，民房则是自己营造，这种营造方式至今仍有着很大影响。

到了16世纪初，即明朝中叶，由于社会的发展，出现了营造商，进行工程承包，这比经济发达的西方国家约早一个世纪。1840年以来，连年战祸，建筑业日趋凋敝，营造厂商不振，承发包方式仍存在，但没有大的发展。建国以来，工程项目管理组织形式不断发展，大体上有以下几种：

（一）第一阶段是解放初期，经营方式为自行设计建设

这种方式在国民经济恢复时期比较多，那时项目建设主要是为恢复原有企业的生产，建设与生产结合，同时各部门没有建立专门的设计施工机构。小部分工程量较大且有旧中国私人营造商的地方，则采用部分发包，委托施工。

（二）第二阶段是“一五”计划期间，经营方式为独立筹建处

进入“一五”计划期间，国家开始大规模经济建设，采用自营的办法已不能适应需要。投资项目的组织机构开始与企业生产指挥系统相脱离，独立成立筹建处。在上级主管部门的领导下，设立一个单独的筹建处，作为项目的建设单位。改、扩建项目的筹建处，也同企业指挥生产的机构分开，为了加强宏观调控，中央各部设立专门的投资项目管理机构。

（三）第三阶段是20世纪50-60年代，经营方式为工程建设指挥部

1958年，投资规模急剧膨胀，设计、施工、设备材料供应全面紧张，建设、施工、设计间互相扯皮现象日益增多。筹建处难以协调上述三方矛盾，转为由上级临时派人到重点建设施工现场协调三方关系，其间为保证重点建设进度，上级领导机关还指派负责人到现场坐镇指挥，成立建设指挥部。

（四）第四阶段是20世纪70-80年代，建设单位自行组织项目建设

这是当时很多单位进行项目建设较为普遍的一种组织管理模式。它是由业主自己筹集资金，选择建设地点，编制计划任务书，组织项目的设计、施工、材料和设备的供应，并进行工程建设的监督与管理，很多单位设立常设基建管理部门进行项目管理。

（五）第五阶段是20世纪80年代后期，建设项目业主责任制

我国从20世纪80年代后期开始试行项目业主责任制，项目业主从建设项目的筹划、筹资、设计、建设实施直至生产经营、归还贷款本息以及国有资产的保值、增值实行全过程负责，并承担风险。

（六）第六阶段是九十年代以后至今的项目管理形式——法人投资责任制

企业法人投资责任制与投资项目的传统管理体制在管理上最大的不同之处在于：传统体制下独立建设的项目是先有项目，后有法人，即只有项目建成后，投产之时才到工商局登记，取得法人资格；而法人投资责任制是指建设项目由法人筹建和管理，任何项目都是先有法人，后有建设项目。法人投资责任制投资责任主体明确，先有法人，再有项目，由法人对投资项目的筹划、筹资、人事任免、招标定标、建设实施，直至生产经营管理、债务偿还以及资产的保值增值，实行全过程负责，避免了对投资活动的割裂管理。

随着中国加入WTO和经济全球化，我国工程项目管理进入了方兴未艾的发展时期，这是因为中国工程项目管理几十年的演进，从实践应用的广度和理论研究的深度及它的发展势态可以看出：中国工程项目管理既是国际化的产物，又是国际化的必然走向。所谓国际化产物体现在“鲁布革”工程管理经验的引进和冲击，所谓国际化走向体现在中国加入WTO，项目管理面临新的挑战，必须与经济全球化要求相适应。这就要求从事项目管理工作的领导者、推进者和实践者必须与时俱进、开拓创新，加快中国工程项目管理方式的国际化，提高工程项目管理水平的国际化，加强项目管理人才培训的国际化。

第二节　建筑工程项目管理模式的调整

一、新形势下我国建筑工程项目管理模式的支撑条件和配套改革

（一）政府主导下的建筑行业结构调整

项目法施工推动了政府职能的转变，使得政府部门能够不失时机地抓住建筑业管理体制综合改革中的矛盾，并及时地进行政策指导，建立和制定了以资质管理为手段的三个层次企业资质管理体系。逐步建立以智力密集型的工程项目施工总承包公司为龙头，以专业施工企业为骨干，劳务作业队伍为依托，全民与集体（多种经济成分并举），总包与分包，前方与后方，分工协作，互为补充，具有中国特色的行业组织结构。这种结构为我国工程项目管理模式的发展创造了良好的外部环境。

这个组织结构可以简单地归结为三个层次，第一个层次是工程项目总承包施工企业，这类企业数量不多，但能量很大，处于整个组织结构的龙头地位，又称为“龙头企业”。第二个层次是具有独立承包能力的建筑施工专业承包企业，这类企业数量大，门类多，既是第一个层次的依靠力量，又是第三个层次的带动力量，处于整个组织结构的主体地位。第三个层次是提供劳务又可面向村镇的劳务分包企业，是建筑施工的后备补充力量，处于整个组织结构的机动地位。许多西方发达国家的建筑承包商社，大多是这样划分的。我国建筑施工企业管理体制综合改革试点很重要的一项内容就是探索解决这个问题的路子和办法。从总体上讲，中国施工企业都处于第二个层次，要把组织从单一层次调整为三个层次，就要培育和建立第一个层次，巩固和提高第二个层次，完善和健全第三个层次。实现这个调整目标要抓好两个方面：

一是造就一批科研设计、融资开发、施工管理、建材采购一体化的智力密集型总承包企业或企业集团，这类企业不仅具有较强的科研开发能力、设计能力、

投资能力，而且具有很强的技术水平和管理能力，真正起到“龙头”作用，带动全行业的发展。通过试点努力已达到这个目标的企业有200余家，比如：中国建筑总公司、中国化学工程（集团）总公司、北京城建总公司、上海建工集团总公司、广州市建总公司等都具有这样的特色。

二是抓好建筑劳务基地的建设，从长远发展情况看，建筑业的劳务特别是大中城市的建筑业劳动力主要来自农村。目前大多数省、市、自治区都建立了自己的建筑劳务基地，并开始了培训、输出、管理工作，尤其是北京市建委近几年来在劳务基地的建设和管理方面进行了有益的尝试并取得了很好的经验。他们和劳务单位所在地方政府结合共同开展这项工作，签订长期合同、定点定向输出，先培训，再上岗，择优选用，逐步形成一套“管在农村，用在城市，招之即来，完工能退的一支富有弹性的劳务作业大军”和行之有效的管理制度。随着劳务承包企业资质的就位，一大批既能为建筑施工总承包企业提供分包劳务，又可面向全社会，提供全方位劳务服务，具有独立法人资格的企业将像雨后春笋一样涌现出来。

（二）新形势下建筑企业的体制改革

新形势下建筑企业在推行工程项目管理模式的过程中，逐步实现了企业内部两层分离和模拟市场的建立，促进了企业经营机制的转换和行业结构的调整，创造了企业从新管理理念的高度规划多种经营，实行多元化发展战略。

企业实行工程项目管理与建立企业内部市场机制，两者互为因果，不可分割，工程项目管理是主体，企业内部市场机制是依托，为主体提供人、财、物等生产要素。也就是说，工程项目管理与建立企业内部模拟市场的关系是主体与依托的关系。

企业是社会的细胞，社会上各种各样的市场，在企业内部必然有所反映，也就是说，社会上有什么样的市场，在企业内部也会有什么样的市场反映，只是它们存在的程度不同。所以，企业在推行工程项目管理的过程中，必须根据企业的实际情况，建立企业内部模拟市场，但不必强求一致。

近几十年来，广大建筑施工企业按照国家施工管理体制综合改革试点要求紧密联系本地区和本系统实际，解放思想，转变观念，研究市场，适应竞争，积极改革旧的管理体制和经营模式，努力探求一条使国有建筑业企业既精于施工，又多元开拓，符合市场经济发展规律的企业经营战略，并能够全面进入市场的新路。建筑业企业不但可以搞施工，而且要向纵向、横向延伸，全面实行企业资源的充分开发，坚持主营与二产、三产并进。

（三）新形势下工程项目管理模式的绩效评价

在政府政策引导和建筑企业积极实践下，工程项目管理模式的推行为企业培养和造就了一大批懂技术、会经营、善管理、敢负责、作风硬的项目管理人才队伍，明确了项目经理在施工企业中具有重要的地位和作用，加速了项目经理职业化建设。

随着工程项目管理工作的深入，企业越来越意识到项目经理素质的高低直接影响到项目的成败和企业的社会效益。项目经理在项目管理中承担的责任，决定了项目经理在项目中发挥着举足轻重的作用，同时，原有体制对项目经理的培养不够重视，要求企业必须在项目管理的培训上下功夫。随着我国项目管理的深入，工程项目管理理论和方法在实践运用中经受了考验，取得了丰硕成果，建设和完成了一批高质量、高速度、高效益，充分展示建筑行业科技水平和管理实力具有国际水准的代表工程。

工程项目管理作为建筑施工企业的一种新模式，在解放和发展建筑业生产力，指导企业和走向市场等方面越来越显示了强大的生命力。绝大多数企业运作顺利并取得了良好的效果，充分发挥了国民经济支柱产业的重要作用。建筑业工程项目管理体制改革的深化，建筑业的施工生产方式发生了深刻的变化，经营规模不断扩大，在国民经济中的地位更加突出，尤其是近几年建筑业以人们看得见的建设工程项目的高质量完成，为社会做出了巨大的贡献。回顾这一段改革历程，可以说广大施工企业以工程项目管理为中心，带动企业内部配套改革，加快企业经营机制转换的这几十年，是建筑施工企业自身空前发展，对社会贡献卓著的几十年。

二、工程项目管理模式的调整

（一）管理模式的调整

1.目标管理模式的描述

（1）管理模式的构成

管理模式是由四种结构要素构成的，分别为：经营观念、管理技术、管理体制、组织形式。结构要素是管理模式中不可缺少的因素，任何一种结构要素的残缺失，都会引起整个管理模式的失效。

（2）目标管理模式的描述

树立符合市场经济的经营观念。市场经济体制下要求的是以企业价值最大化为追求目标。树立利润观念、市场观念、竞争观念。

采用先进的、科学的和量化的管理技术，如网络计划技术、统计技术、建立绩效评价指标体系等。

建立现代的管理体制。在管理体制上保证各职能分工正确，信息和指令传递渠道畅通；各项规章制度的制定，既要全面又要细致，责任明确，赏罚分明。

构建符合建筑产品固定性、多样性特点的组织形式。管理层与劳务层分离，项目部采用矩阵式组织结构；在部门设置上强调开发新技术，拓展新领域。

2.管理模式调整的特点

建筑业是一个劳动密集型的产业，它的产品具有形体庞大、建设周期长等特点，生产经营过程具有流动性、阶段性、季节性和生产能力负荷的不均衡性。这就要求管理模式必须符合建设产品的特点。我国的工程项目管理应该借鉴国外科学的、成功的管理模式，结合我国建筑企业的实际情况，对现有的工程项目管理模式进行调整，调整后管理模式应当具有以下特点：

建立具有弹性生产力、刚性产业结构和贴近市场等特点和科学合理的组织体系。我国建筑业存在的问题，主要是由目前的工程项目管理模式违背了建筑产品的特点和生产活动规律而造成的，必须通过建立符合其产品及生产经营特性的组织体系对我国建筑业进行综合治理，使我国建筑业的生产力组织方式符合其自身的活动规律。

施工管理与施工作业职能分离。由于工程规模要求一支涉及众多学科和各行专家与工种组成的劳务大军，而将施工作业任务分包给各专业工种的承包人，自己则承担工程项目管理总监督的职能。其结果形成了建筑业传统的总、分包经营方式和新的管理模式，即总承包人通过管理层与劳务层的分离，发展为以资金、技术和项目管理为核心的智力密集型企业。而施工作业任务则专业化的劳务公司分担，这类公司不能独立承包工程项目，只能从总承包公司分包工程。

建立科学务实的项目计划手段和严谨有效的项目控制手段。科学务实的项目计划是项目顺利完成和确定合理实现管理目标的基础：严谨有效的控制手段是保证项目按照管理程序有序运行和达到项目管理目标的关键因素。

（二）观念的调整

我国正处于从计划经济体制向市场经济体制的过渡阶段。计划经济体制下，我们的企业是以完成上级下达的计划任务，追求产值为目标；市场经济体制下，这种传统经营观念必须转变。也就是说要从计划观念转变成市场观念、产值观念转变成利润观念、行政指令管理观念转变成科学决策管理观念、经验管理观念转变成科学技术管理观念、因循守旧的观念转变成追求创新的观念。

经营观念对一个企业的生存和发展至关重要，只有经营观念转变过来，适应新经济形式的要求，企业才能不断发展壮大。

（三）组织机构的调整

1.新的组织机构的要求

目前我国建筑企业的组织机构基本上都是采用直线职能制，这种结构形式适用于生产企业，不适用于建筑企业。我们要建立一种新型的、符合建筑工程项目特点的组织体系，这种组织体系应满足以下要求：

（1）符合弹性生产力原则

总承包人的施工管理与作业职能分离，用工制度有弹性。总承包人可以根据经营状况和工程施工的需要，将施工作业任务分包给专业化劳务公司，自身不配备固定的生产工人，只承担施工管理职能。

（2）符合刚性产业结构原则

总公司可以跨地区经营并直接与业主签订承包合同。专业化劳务公司不能流动，只能从总承包人手中分包施工作业任务。

（3）贴近市场的要求

由于总承包是可以跨地区经营的，如采取高度集权的管理模式，必然影响决策的及时性和准确性，同时增加了大量的管理成本。因此，其组织机构的设置应贴近市场的要求，权力适当下放到项目部，以此建立集权和分权相结合的机动灵活的组织机构。

（4）开发新产品的要求

大型建筑公司要想连续经营、持续发展，必须开发新产品，因此必须建立相应的组织机构，形成按产品划分的能够独立经营的公司，使其在新产品开发上逐步发展。

（5）开发新事业的要求

开拓新事业是大型建筑企业经营的重要目标。

（6）降低行政成本的要求

“企业办社会”一直是制约企业经营发展的一个严重问题，在设计组织机构时必须符合降低行政成本的要求。可以将义务福利型机构剥离出去，交给社会，使其独立经营，自负盈亏。

2.确立各组织管理层的职责范围

在新组织结构中将公司的管理分为三个管理中心，即利润中心、职能责任中心、新事业发展中心，每一中心设一名副总经理负责协调管理。

利润中心由地域性公司和工程公司组成，由副总经理负责协调各分公司之间的关系，解决重大决策问题并及时将各分公司的经营情况汇报给总经理。

各分公司是直接面对市场的工程项目管理者，为二级法人，具有独立经营的权力，但其人事权，资产处置权受公司的制约。分公司的组织体系采用矩阵型结构，即对其所属的每一项目成立项目部，管理者为项目经理，项目部的人员由各职能部门抽调组成，项目结束后人员返回各自职能部门。各分公司不再下辖工程队，项目的分部分项工程根据项目的具体情况分包给其他专业协作公司，这种管理方法符合管理层与劳务层分离，灵活用工制度的原则。

职能责任中心由各职能部门组成，副总经理负责协调各部门之间，各部门同业务指导单位之间的关系，落实总经理的经营管理意图和措施，并及时将职能管理情况向总经理汇报。各职能部门的权责如下：

市场经营部：负责公司经营战略的研究和制定；新市场的开发；制定分公司的年度经营指标；制定计划、合同和成本的管理办法。

财务部：制定公司财务制度并检查执行情况；负责公司整体资本的运营管理；定期编制各种财务报表并计算各项财务指标，为领导经营决策提供依据；定期对二级单位的财务进行审计。

新事业发展中心：此部门是为适应开拓新事业的经营战略而设置的。新材料、新技术的使用和推广由该中心负责，对其他事业部所辖的第三产业可采取灵活机动的管理方式，让其独立经营，自负盈亏。

3.建立专业协作公司

在新的组织机构中，各分公司不再下辖工程队，各分部分项工程根据项目的具体情况分包出去，建立专业协作公司承担此项任务，作用是将施工管理与施工作业职能分离。

我国目前的建筑行业还没有建立起完整配套的专业协作公司。各部分项工程只能临时招募施工队完成第一线的施工作业任务。这些人都是农村剩余劳动力，由一个工头领导组织，项目管理者与工头签订承发包合同。

这类施工队存在如下问题：文化素质差，没有专业知识。这些人都是农民，文化程度低，造成有些施工方法实行不了。流动性大。这些人都是农闲时出来打工，农忙时回去收割，给项目施工造成很大影响。施工质量不稳定，由于这些人没有经过专业培训，操作水平低，造成施工质量不稳定，时好时坏。

成立专业协作公司既能适应新的组织形式又能很好解决以上问题。专业协作公司可以从总公司剥离出来，独立经营，也可以单独成立，在社会上招募人员。专业协作公司不能独立承包工程，只能从总承包单位分包工程。专业公司要配齐各职能部门，人员要具备一定的专业知识，必须经过专业培训，管理人员的配备都要以专业化为标准，专业公司要依据项目总体目标对所承揽的工程进行进度和质量控制。工程项目的管理人员管理专业公司，这样既实现了施工管理层和作业层的分离，减轻了企业的负担，又能使工程项目的工期和质量得到很好的保证。

（四）工程项目管理方法的应用

1.用PERT法制订工程项目进度计划

项目进度计划是项目体系中最重要的组成部分，是项目管理和进度控制的基本依据，是其他各项计划的基础。

编制进度计划最科学的方法是网络计划技术，它的优点是把项目作为一个系统从整体出发，把系统中各相关要素用网络图的形式形象地表达出来，通过图形分析和时间参数的计算，预测项目进行过程中可能发生的各种影响和资源利用的因素，统筹安排优化目标，使项目按原定的目标推进。在工程实施过程中，可以按不断变化的情况调整计划，使工程优质、快速、经济。

使用网络计划技术，可以明确地看出各项工序之间的依存和制约关系，反映出整个工程项目的全貌。通过时间参数计算，找出对全局有重要影响的关键线路，使我们在施工中抓主要矛盾，确保施工进度和避免盲目抢工。在计划执行过程中，知道从哪里下手缩短工期，如何更好地使用人力和设备，一旦某项工作因故拖后，能在网络计划中预见到它对后续工作的影响程度，便于采取措施，清除不利因素，保证实现工期目标。

网络进度计划编制的好坏，关键在于项目结构分解，各工序之间逻辑关系安排及工作时间的估计。它对项目的目标实现有着重要作用。项目管理者对此要高度重视，在编排进度计划时，项目经理要根据项目的具体情况和承包合同的约定确定进度目标，带领技术人员进行详细的项目结构分解，准确估计工作时间，制订出可实现的、符合实际情况的进度计划。切不可把网络图挂在墙上做表面文章，而实际上按主观臆断行事。网络进度计划有种种好处，作用非常显著，在工程项目管理中必须大力推广，坚决使用。

2.实施准时采购

针对目前材料供应上存在的问题，引入准时采购的方法。准时采购的宗旨是消除浪费，它要求把材料计划纳入进度计划体系中，根据进度计划和准时采购的原理及程序制订采购计划，并根据进度计划的变化随时调整采购计划。准时采购实施的前提是材料计划要做得尽量详细具体，进场时间最好落实到小时，信息要保证及时，渠道要保证畅通，供货商的选择要正确。

准时采购的程序：准时采购的首要任务是选择供货商，其次要有详细的生产进度计划和周密的材料计划作为保证。进度控制人员要实时在工地现场了解工程进度情况，及时将进度情况反馈给项目经理，项目经理视具体情况做出材料是否进场的指令。

准时采购给工程项目带来如下好处：材料质量的一致性；采购成本降低；材料价格降低；减少材料的损失；能与供应商建立长期友好的合作关系；减少材料占用场地，避免二次周转。

3.工程项目的有效控制

控制作为项目管理的最重要职能是指为了确保组织目标以及为此而拟订的计划得以实现，根据事先确定或因发展需要而重新拟订的标准对各项工作进行衡量、测量和评价，并在出现偏差时进行纠正，以防止偏差继续发展或今后再度发生。它包三个阶段：事先控制、事中控制和事后控制，在实际工作中要对这三个阶段进行有效的控制。

（1）进度控制

事前控制：主要内容是编制项目实施总进度计划，审核项目阶段性进度计划，制订审核材料供应采购计划，寻找进度点确定完成日期。

事中控制：主要建立反映工程进展情况的日记，项目进度控制人员每天在项目网络进度计划图上，指出实际施工进度前锋线，检查网络进度计划执行情况，及时分析检查结果，召开现场进度协调会。

事后控制：当实际进度和计划发生差异时必须及时制定对策，主要是依据具体情况，调整网络计划，抓关键线路，主要矛盾，兼顾非关键工作，调整后继工作的持续时间，重新计算未完成工作的各项时间参数或者调整后续工作之间的逻辑关系，使进度目标得以实现。

（2）质量控制

事前控制：首先掌握质量控制的技术标准和依据，建立质量保证体系，制定质量措施，对人员进行培训考核，对建筑材料进行检查验收，对设备进行预检控制，对技术方案和施工方法进行审核。

事中控制：首先对工艺质量进行控制，然后对工序交接、隐蔽工程检查、设计变更审核进行控制，对出现违反质量规定的事件，容易形成质量隐患的做法立即采取措施予以制止。建立实施质量日记，现场质量协调会、质量汇报会等制度，以了解和掌握质量动态，及时处理质量问题。

事后控制：当质量目标出现偏差时，应及时制定补救措施，用排列图找出质量问题的主要矛盾，再用因果分析图找出矛盾出现的主要原因，防止同类问题再度出现。

（3）成本控制

事先控制：主要是进行成本分析，制订成本计划、确定合理的成本目标；制定分类分项成本明细，分析成本最易突破的环节，明确成本控制的重点。

事中控制：根据成本目标和分类分项成本明细，对实际发生的各项成本和费用进行计量，监督指导和调节，控制偏差，使实际成本围绕计划成本上下波动，不超出控制范围。

事后控制：分析偏差产生的原因，探索成本升降规律，制定改进纠正措施。

第三节　建筑工程项目的标准化管理

一、建筑工程项目标准化管理相关理论

（一）标准化管理概述

标准化管理是标准化系统中的最基本要素，也是标准化学科中最基本的概念，还是分析和研究建筑工程项目的重要基础，只有明确其概念和含义，才能开展标准化工作，发挥标准化管理在建筑工程项目管理方面巨大的潜力，并将标准化管理贯彻落实在工程实践活动中。

1.标准

世贸组织将标准定义为：标准是得到公认组织认可的，没有强制性，具有通用性和统一性，为企业生产活动提供规则和指导的文件。

（1）国际标准化组织的定义

国际标准化组织规定：标准是被公认组织批准的文件，标准对活动以及活动的结果都做出了规定、指南或特定值，供企业重复使用，从而达到规定领域内的最佳秩序。

（2）我国对标准的定义

标准是指：为了在一定的范围内获得最佳秩序，经协商一致制定，并由公认机构批准，共同使用和重复使用的一种规范性文件。

以上几种定义，由于对应的科学技术发展水平和历史时期不同，在文字表述上互有差异，但也从不同的侧面揭示了“标准”的真正含义，将其归纳起来主要有以下几点：制定标准的出发点是为“获得最佳秩序”“促进最佳共同效益”；制定标准的对象是重复性的工作；标准产生的源头是“国家强制性规定，工程实践经验和施工技术的综合成果”；标准在制定的过程中需要工程参建方“相互协商”；标准是由公认的权威机构批准的。

2.标准体系

“标准体系”是由各项相互联系的、按照相应的逻辑结构进行组合形成的统一的整体，这些标准之间相互作用，并不是杂乱无章的。比如，在建筑工程项目管理标准体系中，并不是单纯只包含有建设部制定的技术标准和管理标准，同时还包括各省市、各地区以及各单位的技术标准和管理标准，这些相互作用、相互关联的标准共同构成一个统一的、完整的、开放的、更具有科学性的、便于管理的标准化体系。标准化体系具有如下的特征：

（1）集合性

标准体系是由诸多标准组合形成的，随着环境的复杂化，任何单一标准不能被用于独立解决问题，标准之间的相关性逐渐增强，集合性愈加显著。

（2）关联性

在一个标准体系中，标准并不是孤立的，它不是简单应用于单一的对象中，一个标准体系中存在着诸多其他方面的标准，这些标准相互关联，相互制约，形成一个统一的标准体系。

（3）动态性

标准体系并不是固定不变的，它存在并产生于一定的政治经济环境下，体系内的各项标准是对于一定时期内某种环境下的技术水平和管理水平的反映，但随着经济的发展，有些标准已不再适应社会经济的发展，因此必须根据不断变化的环境制定新的标准，对原有标准进行修订或者废除，这样才能够保证标准的可持续性和有效性。

3.标准化

国家技术监督局指出：“标准化”是在经济社会实践活动中，针对发生重复性的事物及概念制定标准，发布标准，实施标准，从而达到统一，实现秩序和效益的最优化。可以说，标准化是最高程度地制度化，它包括以下几个内涵：

标准化不是一个孤立的事物，而是一个活动过程，是制定标准、实施标准，进而修订标准的过程。这个过程也不是一次性的，而是一个不断循环，螺旋上升的运动过程。每完成一个循环，标准的水平就提高一步。

标准是标准化活动的成果，除了制定标准之外，最主要的就是实施标准，并且对标准的实施结果进行评价和控制，这才是标准化的最主要和最核心的内容，只有通过制定和实施标准，标准化的作用和效果才能更加明晰地显现出来。

标准化具有较强的实践性，也就是说，实施标准化并不是简简单单地制定一个标准，标准必须被应用在具体实践中，根据具体实践效果对标准化进行检验，如果忽视实践性原则，再好的标准，不能被运用在具体实践活动中发挥作用，这个标准化便是无益的，标准化无法实现循环发展。

4.标准化管理

标准化管理主要是指对于目前存在的或者可能发生的共同问题，运用科学视角，制定相应对策，采取相应的措施解决问题，实现工作和管理效率的提升，可以说，标准化管理是一种管理思想，更是一种管理手段。现在学术界对于标准化管理的研究较为广泛，对于“标准化管理”的解释主要有两种，一种观点认为标准化管理就是先明确标准化要求，然后开展制定贯彻标准等方面的标准化管理工作，对标准化工作进行计划、组织、协调和控制，因此，标准化管理就是对标准化工作进行计划、组织、协调和控制的总称。另外一种观点认为，标准化管理就是对于管理工作的内容和程序，制定统一的工作和实施标准，以制定的标准为指导开展相应的管理工作。

标准化管理定义为：标准化管理是一项系统工程，包括标准体系的顶层设计、结构设计，标准体系的构建，标准体系的实施，标准化工作策略。

（二）建筑工程项目标准化管理相关理论

1.科学管理理论

随着管理理念的发展，一种新的思想，新的观念应运而生——科学管理理论。它可以理解为一种具体的操作规程，主要内容包括以下几方面：首先，凭经验进行管理已不再有效，应对工作中每个要素进行科学的划分；其次，员工的选拔尤为重要，应该选择学历相对较高，体能较为出色，心理素质好的员工，通过面试，实际操作考试等方式选出优秀的人才；再次，注重与员工的沟通，及时化解消极情绪；最后，树立人人平等的工作环境，管理者也将肩负起相应的工作责任，而不是所有的工作内容都由员工完成。

众所周知，所有理论和方法，都是通过研究者多次试验并总结研究所提出的，泰勒的科学管理理论并非脱离实际。科学管理理论与其他所有管理理论一样，都是以提高生产效率为目的，通过实践证明它是最为成功的。科学管理理论可以用于任何管理活动，小到个人行为，大到国家决策都可以使用，因此有着极为深远的影响力。

标准化管理首先是一种科学管理的方法。对于建筑工程项目标准化管理来说，应结合科学管理的科学之处，运用各种成熟的管理方法和手段，为标准化管理创造更重要的价值。

2.经验曲线效应理论

经验曲线效应首次提出是在1960年，由布鲁斯·亨得森通过分析研究得出。一般来说，行业的经验效应和需求量的增长速度在很大程度上影响着价值的潜能。经验曲线效应是由多方面的因素所导致的：第一，学习，这是一个熟能生巧的过程。同一件工作，若是多次重复地操作，会提高员工的熟练度，进而提升工作效率。第二，专业分工。不同的工种相互配合进行工作，可以有效提高工作的专业化和标准化，在建设工程项目中，流水施工就是运用不同工种进行合理调配，实现施工总目标的有效方式。第三，产品工艺改进。为了适应企业发展与行业竞争，工业技术的改进成为必然之路，既可以提高产品生产效率，也可以有效降低生产成本，提高竞争力。例如，企业的标准化管理模式，通过总结经验建立参考标准，降低在摸索过程中消耗的精力和成本，从而大幅度提高工作效率。第四，规模经济。规模经济主要是指扩大企业的生产规模，减少生产所需的固定成本。第五，专有技术。通过日常工作经验的积累，在生产技术和管理方面形成的特有的核心竞争优势。

经验曲线效应理论之所以是标准化管理的重要理论基础之一，是因为它总结了先前的技术经验，形成了供以后管理可参考的标准，避免重走弯路，减少成本和精力的损失，提高工作生产效率。

3.系统工程理论

20世纪中期，美籍澳大利亚生物学家贝塔郎菲创立了系统工程学科，它是一种以系统为对象的、先进的组织管理技术，它强调从总体出发，合理规划、运行、管理及保障的一个系统所需思想、理论、方法和技术的总称。

在项目立项前，首先要对其进行评估，包括目的、条件、可行性，然后通过这些数据分析最为合理及可行的方案，这些前期工作是项目进行的基础；在项目实施过程中，需要完整而严密的科学管理方法做引导，确保取得良好的成效，而系统工程就是针对规划、研究、设计、制造、试验和使用的科学方法，因此对所有的系统都有着普遍的指导意义。钱学森认为：标准化也是一门系统工程，任务就是设计，组织，建立标准体系，促进社会生产力的持续高速发展。

建筑工程项目作为一项系统工程，需要从宏观角度上用系统的观点和方法综合分析，并进行有效管理。标准化是在社会实践（经济、技术、科学及管理等领域）中对重复性事物通过建立标准，统一管理，以获得最佳秩序和社会效益的活动。这种活动形成了一个工程系统，即标准化工程。

二、建筑工程项目管理标准化工作策略

（一）推行目标

1.总体目标

以增强企业核心竞争力为主题，以保证建筑工程质量为核心，增强人员责任意识、安全意识、质量意识，做到科学管理、高效施工，以建筑工程建设高标准开始、高效率结束完成各项工作任务，以建筑行业国家标准为基础，以施工单位为核心，形成各参建方各司其职、合力一处、共同推进的标准体系，促使建筑工程项目达到环环可控、统筹管理的工作局面，高效地建设高品质的建筑工程。

2.具体目标

施工单位是建筑工程项目管理的责任主体，施工现场的重要管理者。企业生存的根本目的是追求最大化的效益，以最小的工程成本获得可观的项目回报率。诸如缩短工期、打折执行标准等现象就会出现，这对企业获取眼前的利益是有效的，但企业想要健康持续地发展，获取长期的利益就必须遵循管理之道，通过标准化管理、技术创新等方法增强企业实力，保证完成的项目高品质、高质量，在追求项目效益的基础上，更要考虑企业信誉的重要性，只有这样才能提升企业在建筑行业的竞争力。施工单位在公司内部以及相关参建单位中对在建工程项目实施标准化管理，要保证在项目的整个寿命周期内全覆盖，完全执行。施工单位须明确标准化管理的推行步骤、监督内容、信息反馈与改进的过程，做好本单位标准化管理工作，做到施工有准则、事事有标准。与此同时，施工单位须督促各参建方遵守和落实标准化管理，形成闭合的、系统的标准化管理氛围，合力为建设高品质的建筑而奋斗。

（二）推行步骤

1.建立组织结构

推行项目管理标准化工作，建立相应的组织机构非常必要。健全的组织机构能促使标准化工作有条不紊地开展，保证标准化管理的实施效果。

施工单位是标准化工作的实施者，其是否认真贯彻标准，是否全面推行标准化工作，对标准化管理的实施效果具有很大的影响，标准化工作组织机构的设置是否合理，职能是否健全，不仅影响施工单位标准化工作的作用效果，同时也对各参建方配合执行标准化管理的效率产生影响。施工单位标准化工作组织结构由四部分构成：标准化工作领导小组、标准化工作办公室、标准化管理文件编制小组以及参建单位标准化工作领导小组。

（1）标准化工作领导小组

组织、安排、指导、督促、考核公司的标准化工作是标准化领导小组日常工作主要的职责，包括对公司各项标准、规定的审定工作。组长为主要负责人，副组长负责具体事务，组员一般在公司内部各部门的次要负责人之间选择。一般任命公司总经理为组长，副总经理为副组长。

（2）标准化工作办公室

标准化领导小组通常设标准化办公室作为日常办公的主要机构，常设在项目管理部。主要职责是履行和执行标准化领导小组制定的标准和规定，包括制定标准化工作手册；汇总和整理制定好的标准化分类手册，保证科学管理，形成人手一册，制定科学的管理制度；整理和核对档案资料，分发电子台账，并保证完整性和准确性；同时开展标准化宣传和培训工作。项目经理作为办公室主任，其他专业负责人为办公室成员。

（3）标准化工作文件编制组

标准化领导小组下内设的一个重要机构是标准化文件编制小组，下设三个编制小组。主要职责是在领导小组的领导下，实行组长负责制，推行标准化。

编制工作计划，承担收集和整理本公司主要的标准、规定和建设行业部门规章、标准、规范条例等，并负责向上级主管部门申报。负责本部门作业资料的管理，标准化文档由公司统一归类。各编制组形成的文件资料按照本公司工作制度，提交标准化工作办公室。

为了提高各个主要参建单位实行标准化管理的积极性，施工单位应当制定管理标准，并下发设计、监理单位，与设计单位和监理单位共同协同组成标准化管理领导小组，服从施工单位标准化管理领导小组的领导。设计单位标准化工作领导小组以设计总监为组长，所有设计人员为组员。各监理单位标准化工作领导小组以总监为组长、副总监为副组长、专业监理工程师为组员。各监理及设计单位应仿照施工单位，在各自标准化工作领导小组的领导下成立相应地标准化工作组织机构和标准体系文件编制组，制定相应的标准流程和组织制度，组织本单位标准化工作的实施。

2.标准体系的顶层设计

顶层设计就是从各方面、各层次、各要素统筹规划标准体系结构，为建筑工程项目管理标准体系构建指明方向。首先，分析建筑工程项目标准化管理的内外环境，为顶层设计提供现实依据；其次，要对本单位标准化管理的总体目标和具体目标有清楚的认识；最后，明确标准化的范围以及标准体系的设计原则，为下一步构建标准体系做好充分的准备。完美的顶层设计是编制标准化文件的第一步工作。

3.构建标准体系，编制标准文件

在全员实行标准化工作的氛围下，文件编制小组应以建设行业国家相关的法律法规为基础，同时对本单位和同行业其他单位的标准化工作去粗取精，结合本单位和项目实际，不断对标准化工作文件进行修改和完善，并分发至各部门、各岗位。各个工作部门针对自己当前工作实际制定标准化工作方法，形成统一、系统、规范的标准体系，使标准化管理步入正轨，规范施工有据可依。此外，随着项目进度的落实，项目部需要制定固定的培训方法和培训制度对员工进行标准化工作培训。施工单位可采用标准化管理知识讲座、技术交流会、培训班等方式和方法，在施工单位内部、各指挥部、项目部、监理站开展专业培训，组织学习文件。

4.试点试行，全面推广

实施标准化管理首部程序，必须落实开工条件标准化，确保开工前准备充分，杜绝盲目开工建设。项目开工建设过程中，严格坚持试验先行、样板引路、分级验收、首件认可制度等标准化管理实践中高效的管理制度。即在每道工序开工前，必须进行样板试验，在样板试验阶段逐一解决暴露的问题，不断寻求简洁高效、节约成本的施工工艺办法，确保最大化地降低施工成本、提高施工效率；在分项工程中，按照预防为主、先导试点的原则，选择第一个施工子项目作为首件工程，抓住每一个细节，做到一丝不苟，同时配合公司工程管理中心，确保首件工程安全质量关，标准化管理关，起到良好的模范带头作用。有了样板工程、首件认可工程，要以点带面，全面推广，将标准化管理的要求覆盖到所有项目部、作业队、监理站，实现全面如一、全面达标。

标准化管理最重要的任务是保证开工条件标准化，确保开工前准备充分。在建设过程中，严格坚持试验先行、样板引路、分级验收、首件认可制度等高效的管理制度。简单来说，就是在每道工序开工前，首先进行样板试验，目的是在此阶段发现样本实验过程的问题，寻找解决问题的措施，寻求时间更短、成本更低的施工方法，缩减成本，提高工作效率；在分项工程中，按照预防为主、先导试点的原则，选择第一个施工子项目作为首件工程，严格把控质量关，严格执行监督检查机制，同时与公司质量中心合作，确保首件工程安全质量关、标准化管理关，起到良好的模范带头作用。在样板工程和首件认可工程的基础上，推行以点带线，以线带面，将标准化管理的要求覆盖到所有项目部，进而将项目标准化管理推向整个建筑行业。

5.动态检查，总结分析

施工单位作为标准化管理的主体，承担主要的监督责任。在标准化工作进行中，应督促单位各部门和参建单位保质保量地完成标准化管理工作，确保各个分部分项工程质量完全达标。全面推广标准化，确保全方位、全过程和全员参与标准化管理，施工单位作为标准化管理的主体，不仅将标准化管理贯穿于质量管理工作中，还应贯穿于包括成本、工期、安全等工作中。将标准化管理延伸到每一项工作的每个环节，建成和完善标准化的组织机构、标准化的部门设置、标准化工地、标准化的施工。

（三）标准化工作中应注意的问题

项目管理标准化工作是行业标准化工作不可或缺的一部分。它是建筑企业高效组织生产，提高建筑工程质量水平，节约资源能源，增加项目效益，增强建筑企业核心竞争力的重要手段。建筑企业在推行项目管理标准化工作的过程中，应该注意如下几个问题：

1.不断增强全员标准化意识

就建筑行业而言，项目标准化管理是一种新的管理方法，员工可能对其比较陌生，施工单位的员工知识层面参差不齐，大多数员工文化水平和工作素质偏低。人的意识决定行为，行为决定其工作态度和质量。因此，加强全员对标准化工作的认知和深刻理解，持续增强员工的标准化意识，是施工单位推行标准化工作需要解决的首要问题。在施工现场，要培养标准化管理的氛围，项目部相关领导应以身作则，全力支持和重视标准化工作，激发员工的热情和积极性；施工单位组织各参建单位共同学习标准化管理的核心意蕴，充分利用项目部日常会议、监理例会、网络资源、黑板报等，增强全体员工对标准化工作的紧迫性和积极性。

2.学习、理解标准化管理的本质与精髓，切忌照搬照抄

有的企业模仿其他企业标准化建设的先进做法和成功经验，一味地照抄照搬，却没有考虑建筑行业的特殊性。开展标准化建设首先要克服经验主义，学习、理解标准化管理的本质与精髓，掌握标准化建设的基本要求和工作流程，从而高效地推行标准化工作。

3.分解职责，全员参与，防止走过场

很多企业开展项目管理标准化工作仅仅停留在标准化工作办公室和领导机构这一层面，创建项目管理标准成了标准化工作办公室管理人员的工作，与其他部门和人员毫无关系。这样的项目管理标准化建设往往成了走过场。所以，开展标准化建设必须克服形式主义，必须在动员全体从业人员的基础上，按照建筑工程项目管理标准体系以及标准对应的部门职责层层分解，让每个部门、每个岗位、每个人员都有自己的职责，并将这项内容牢记于心，落实于行动之中，养成习惯，持之以恒。只有各个岗位都达标，建筑企业达标才能成为可能，没有各个岗位的达标就不会有建筑工程项目管理的标准化。

4.建章立制，规范标准化工作

有些企业开展标准化建设，不是没有学习标准，就是没有了解标准化的本质含义，只知道照搬照抄网上的相关安全规章制度，没有按照标准化建设的要求，首先识别、获取法律法规和国家标准、行业标准，再根据本企业实际将相适应的法律法规标准内化为本企业的规章制度。企业开展标准化建设，从标准化建设的工作次序上看，建设标准化首先要明确什么是标准化，有哪些国家法律法规和标

准需要我们去执行，这是最基本的。对照国家的法律法规标准修订完善本企业自己的项目管理标准体系，规范项目管理要求。

5.加强过程监督

企业开展标准化建设，需要强大的监督机制。制度规定得再好，不落实或者落实不到位，只能是纸上谈兵。不少企业在推行标准化工作过程中，存在记录空白和记录简单的现象，反映不出日常工作。执行检查，没有检查人员、检查时间；整改要求，执行整改，整改与否没有下文；组织培训，没有培训过程记录以及培训结果记录；更新设施设备，没有相关的培训材料，没有变更文件等。因此，开展标准化建设，必须做到痕迹清晰，各种制度执行痕迹明白无误、规范有序。

6.注重信息反馈与改进

对建筑工程项目标准化管理的信息反馈与改进是标准化管理过程的最后一个环节，作为一个闭合环的管理制度，同时也是下一个标准化管理过程的开始。因此，作为前后两个标准化管理制度的过渡桥梁，能够将前后工作进行串联，不断根据外界条件的变化调整和完善新的工作标准要求，同时也是标准化管理工作的动力源泉。在组织结构、制度建设、制定标准、规范工艺工序的基础上，标准化工作的信息反馈与改进是实现建筑工程项目标准化管理的必要补充。

与标准化工作的监督相类似，信息反馈主要内容是施工单位和各个参建单位对于标准化管理工作的执行反馈。标准化管理领导小组主要负责对标准化管理工作的监督和考核，并对标准化管理工作进行评价、总结。只有做好信息反馈和信息管理，才能找到在管理工作和标准化项目管理中存在的问题和漏洞，并进行修正和完善，对标准化管理工作进行动态的调整。通过反馈信息的收集和分析，不仅提高了管理效率，还通过信息管理及时发现存在的问题，进而准确调整管理标准和工作标准，有效保证项目管理的质量，为建筑工程项目标准化管理的实现和不断循环、改进提供必要的保证。

第二章　建筑工程总承包项目管理及合作联盟模式

第一节　建筑工程总承包项目实施的组织原则及业务管理

一、建筑工程总承包项目实施的组织原则

（一）工程总承包管理的内容

工程总承包管理主要内容包括：项目启动，任命项目经理，组建项目部，编制项目计划，实施设计管理、采购管理、施工管理、试运行管理，进行项目范围管理，进度管理，费用管理，质量管理，安全、职业健康和环境保护管理，资源管理，风险管理，沟通与信息管理，合同管理，现场管理，项目收尾等。

（二）工程总承包管理的程序

项目部应根据合同的规定和企业项目管理体系的要求，制定所承担项目的管理程序。进而严格执行项目管理程序，并使每一管理过程都体现计划、实施、检查、处理（PDCA）的持续改进过程，也应体现工程项目生命周期发展的规律。其基本程序如下：

项目启动：在工程总承包合同条件下，任命项目经理，组建项目部。

项目初始阶段：进行项目策划，编制项目计划，召开开工会议，发布项目协

调程序和设计基础数据，编制设计计划、采购计划、施工计划、试运行计划质量计划、财务计划，确定项目控制基准等。

设计阶段：编制初步设计文件，进行初步设计审查，编制施工图设计文件。

采购阶段：采买、催交、检验、运输、与施工方办理交接手续。

施工阶段：检查、督促施工开工前的准备工作，现场施工，竣工验收，移交工程资料，办理管理权移交，进行竣工结算。

试运行阶段：对试运行进行指导与服务。

合同收尾：取得合同目标考核合格证书，办理决算手续，清理各种债权债务；缺陷通知期限满后取得履约证书。

项目管理收尾：办理项目资料归档，进行项目总结，对项目部人员进行考核评价，解散项目部。

设计、采购、施工、试运行各阶段，应组织合理的交叉，以缩短建设周期，降低工程造价，获取最佳经济效益。

（三）工程总承包管理的组织

建设项目工程总承包管理的组织，一般宜采用矩阵式管理。项目部由项目经理领导，并接受企业职能部门指导、监督、检查和考核。项目部的设立及其工作应包括下列内容：

根据企业规定程序确定组织形式，组建项目部。组建项目部时，应依据项目合同确定的内容和要求，对其进行整体能力的评价，评价结果如不满足项目要求，应及时对项目部人员予以调整。

根据工程总承包合同和企业有关管理规定，确定项目部的管理范围和任务。

确定项目部的职能和岗位设置。

确定项目部的组成人员、职责、权限。根据工程总承包合同范围和企业的有关规定，项目部可设立项目经理、控制经理（相当于生产副经理）、设计经理（相当于技术负责人）、采购经理、施工经理、试运行经理、财务经理、进度计划工程师、质量工程师、合同管理工程师、估算师、费用控制工程师、材料控制工程师、安全工程师、信息管理工程师和项目秘书等岗位。

由项目经理与企业签订确认“项目管理目标责任书”，并进行目标分解。

组织编制项目部规章制度，目标责任制度和考核、奖惩制度。

（四）工程总承包管理的项目经理

项目经理至关重要，其任职应具备以下条件：具有注册建造师执业资格；具备决策、组织、领导和沟通能力；能正确处理和协调与业主、相关方之间及企业内部各专业、各部门之间的关系；具有工程总承包项目管理的专业技术，有关项目管理的经济和法律、法规知识；具有类似项目的管理经验；具有良好的职业道德。

项目经理应履行下列职责：贯彻执行国家有关法律、法规、方针、政策和标准（含强制性标准和推荐性标准），执行工程总承包企业的管理制度，维护企业的合法权益；代表企业组织实施工程总承包项目管理，对实现合同规定的项目目标负责；完成“项目管理目标责任书”规定的任务；在授权范围内负责协调与业主、发包人、分包人及其他项目干系人的关系，解决项目中出现的问题；对项目实施全过程进行策划、组织、协调和控制；负责组织处理项目的管理收尾和合同收尾工作。

项目经理应具有下列权限：经授权组建项目部，提出项目部的组织机构，选择、聘用项目部成员，确定项目部人员的职责；在授权范围内，按规定的职责，行使相应的管理权；在合同范围内有权使用企业的相关资源，并取得有关部门的支持；主持项目部的工作，组织制定项目的各项管理制度；根据企业法定代表人授权，协调和处理与项目有关的内、外部事项。

项目经理的奖惩包括以下内容：经过考核和审计，工程总承包项目绩效显著，应按“项目管理目标责任书”的规定获得表彰和奖励；经考核和审计，由于项目经理失职导致未完成合同目标，或给企业造成损失，应按“项目管理目标责任书”的规定承担相应处罚。

（五）项目策划

项目策划属于项目初始阶段的工作，包括项目管理计划的编制和项目实施计划的编制。应针对项目的实际情况，依据合同要求，明确项目目标、范围，分析项目的风险以及采取的应对措施，确定项目管理的各项原则要求、措施和进程。项目策划应包括下列内容：明确项目目标，包括技术、质量、安全、费用、进度、职业健康、环境保护等目标；确定项目的管理模式、组织机构和职责分工；

制定技术、质量、安全、费用、进度、职业健康、环境保护等方面的管理程序和控制指标；制定资源（人、财、物、技术和信息等）的配置计划；制定项目沟通的程序和规定；制定风险管理计划。

项目管理计划应由项目经理负责编制，由企业主管领导审批。项目管理计划应包括下列内容：项目概况；项目管理目标；项目实施条件分析；项目的管理模式、组织机构和职责分工；项目实施的基本原则；项目联络与协调程序；项目的资源配置计划；项目风险分析与对策。

项目实施计划应由项目经理组织编制，并经业主认可。项目实施计划应包括：概述、总体实施方案、项目实施要点、项目进程表等内容。概述一般包括下列内容：项目简要介绍、项日范围、合同类型、项目特点、特殊要求（若有）。总体实施方案一般包括下列内容：项目质量、安全、费用、进度目标；项目实施的组织形式；项目阶段的划分；项目工作分解结构；项月实施要点；项目沟通与协调程序；对项目各阶段的工作及其文件的要求；项目分包计划。

项目实施要点应包含下列内容：设计实施要点；采购实施要点；施工实施要点；试运行服务实施要点；合同管理要点；资源管理要点；质量控制要点；进度控制要点；费用估算及控制要点；安全管理要点；职业健康管理要点；环境保护管理要点；沟通和协调管理要点；财务管理要点；风险管理要点；文件及信息管理要点；报告制度。

项目进程表应确定下列活动的进度控制点：收集相关的原始数据和基础资料；发布项目计划；发布项目管理制度或规定；发布项目进度计划；发布项目设计计划；发布项目采购计划；发布项目施工计划；发布项目试运行计划；发布项目财务计划；签订分包合同；发布项目各阶段的设计文件；发布项目费用估算和预算；关键设备材料采购；取得项目施工许可证；施工阶段；竣工验收；试运行；开始考核；交付使用。

项目实施计划的管理应符合下列要求：项目实施计划应由项目经理签署，报企业主管领导审批；当业主对项目实施计划有异议时，经协商后可由项目经理主持修改；在项目实施过程中，应对项目实施计划的执行情况进行动态监控，必要时可进行调整；项目结束后，项目部应对项目实施计划的编制、执行中的经验和问题进行总结分析，并将材料归档。

二、建筑工程总承包项目核心业务管理

（一）项目设计管理

设计管理由设计经理负责，适时组建项目设计组。在项目实施过程中，设计经理应接受项目经理和设计管理部门的双重领导。工程总承包项目的设计应将采购纳入设计程序。

（二）项目试运行管理

根据合同约定或业主委托，试运行管理内容一般包括试运行准备、试运行计划、人员培训、试运行过程指导和服务等。试运行经理应负责组织试运行与项目设计、采购、施工等阶段的相互配合及协调工作。

试运行计划应经业主确认或批准后实施，试运行计划的主要内容应包括试运行总说明、组织及人员、试运行进度计划、培训计划、试运行方案、试运行费用计划、业主及相关方的责任分工等内容。试运行计划应对施工目标、进度和生产准备工作提出要求，并保持协调一致。试运行计划应考虑建设项目的特点，合理安排试运行程序和周期，并充分注意辅助配套设施试运行的协调。根据合同约定和建设项目的特点及要求，编制（或协助业主编制）培训计划。培训计划一般包括：培训目标、培训的岗位和人员、时间安排、培训与考核方式、培训地点、培训手册或资料、培训设备和培训费用等内容。培训计划应经业主批准后实施。依据合同，试运行经理应负责组织或协助业主编制试运行方案，主要内容如下：工程概况；编制依据和原则；目标与采用标准；试运行应具备的条件；组织指挥系统；试运行进度安排；试运行资源配置；环境保护设施投运安排；安全及职业健康要求；试运行预计的技术难点和采取的应对措施等。

项目部应检查试运行前的准备工作，确保已按设计文件及相关标准完成项目范围内的生产系统、配套系统和辅助系统的施工安装及调试工作，并达到竣工验收标准。试运行经理应组织或协助业主落实试运行的技术、人员、物资等安排情况。试运行经理应组织检查影响合同的考核指标是否达标，尚存在的关键问题及其解决措施是否落实。合同目标考核工作应由业主负责组织实施，试运行经理及试运行服务人员参加并承担技术指导和服务。合同目标考核时间和周期按合同约定或商定，在考核期内当全部工作达到规定的标准时，合同双方或相关方代表应

按规定签署考核合格证书。培训服务的内容应依据合同约定或业主委托确定，一般包括：编制培训计划，推荐培训方式和场所，对生产管理和操作人员进行模拟培训和实际操作培训，并对其培训考核结果进行检查，防止不合格人员上岗给项目带来潜在风险。

企业应建立工程交接后的工程保修制度，工程保修应按合同约定或国家有关规定执行。在保修期内发生质量问题，项目部应根据企业制定的工程保修制度和业主提交的“工程质量缺陷通知书”，提供缺陷修补服务。项目部应在合同的“工程质量保修书”中，明确保修范围及内容、保修期限、保修责任、保修费用处理等。保修的经济责任和费用应由缺陷责任方承担或按合同约定处理。企业应与业主建立售后服务联系网络，收集和接受业主意见，及时获取工程建设项目的生产运行信息，做好回访工作。工程回访工作应按照企业有关回访工作管理规定进行，填写回访记录，编写回访报告，反馈项目信息，持续改进。

（三）项目施工管理

施工组应依据合同规定和项目计划的要求，在项目初始阶段由施工经理组织编制施工计划，经项目经理批准后组织实施，必要时报业主确认。施工计划一般包括以下内容：工程概况；施工组织原则；施工质量计划；施工安全、职业健康和环境保护计划；施工进度计划；施工费用计划；施工技术管理计划；资源供应计划；施工准备工作要求。当施工采用分包时，应在施工计划中明确分包范围、分包人的责任和义务。分包人在组织施工过程中应执行并满足施工计划的要求。施工组应对施工计划实行目标跟踪和监督管理，对施工过程中发生的工程设计和（或）施工方案重大变更，应严格控制并履行审批程序。

施工组应依据项目计划组织编制施工总进度计划、单项工程和单位工程施工进度计划，并得到业主确认后实施。施工进度计划主要内容：编制说明；施工总进度计划；单项工程进度计划；单位工程进度计划。编制程序：收集编制依据资料；确定进度控制目标；计算工程量；确定各单项、单位工程的施工期限和开工、竣工日期；确定施工流程；编制施工进度计划；编写施工进度计划说明书。施工组应建立跟踪、监督、检查、报告的施工进度管理机制；当采用施工分包时，应监督分包人严格执行分包合同规定的施工进度计划，并应与项目进度计划协调一致。施工组应对施工进度计划中的关键路线、资源配置等执行情况进行检查，并提出施工进展报告。当采用赢得值管理技术（EVM）时，应进行施工进度测量，分析进度偏差，进行趋势预测，及时采取纠正和（或）预防措施。当施工进度计划需要调整时，项目部应按规定程序进行协调和确认，并保留相关记录。

施工组应根据项目施工计划，进行施工费用估算，确定施工费用控制基准并保持其稳定性。当需要变更计划费用基准时，应严格履行规定的审批程序。施工组宜采用赢得值管理技术（需要时，要求分包商同时采用），测量施工费用偏差并预测发展趋势，采取有效的纠正和预防措施，确保施工费用控制在允许范围内。当采用施工分包时，施工组应根据施工分包合同制订施工费用支付计划和管理办法。

项目部在施工前应组织设计交底，理解设计意图和设计文件对施工的技术、质量和标准要求。施工组应对施工过程的质量进行监督，并加强对特殊过程和关键工序的识别与质量控制，认真做好质量记录。施工组应加强对供货质量进行监督管理，按规定进行复验并做好记录；应监督施工质量不合格品的处置，并对其实施效果进行验证；应对所需的施工机械、装备、设施、工具和器具的配置以及使用状态进行有效性检查和（或）试验，保证和满足施工质量的要求；应对施工过程的质量控制绩效进行分析和评价，明确改进目标，制定纠正和预防措施，保证质量管理持续改进；应根据项目质量计划，明确施工质量标准和控制目标。通过施工分包合同，明确分包人应承担的质量职责，审查分包人的质量计划是否与项目质量计划保持一致性。施工组应对工程的施工准备工作和实施方案进行审查，必要时应提出意见或发出指令，以确认其符合性。项目部应组织施工分包人按合同约定，完成并提交质量记录、竣工图纸和文件，对其质量进行审查。

项目部应根据总承包合同变更规定的原则，建立施工变更管理程序和规定，对施工变更进行管理。对业主或分包人提出的施工变更，应按合同约定，对费用和工期影响进行评估，并经确认后实施。施工组应加强施工变更的文档管理。所有的施工变更都必须有书面文件和记录，并有相关方代表签字。

（四）项目结束阶段管理

项目结束阶段是项目管理全过程的最后阶段，包括竣工扫尾、验收、结算、决算、回访保修、考核评价等方面的管理。项目结束阶段应制订工作计划，提出各项管理要求。

项目经理部应全面负责项目竣工扫尾工作，组织编制项目竣工计划，报上级主管领导批准，并按期完成。竣工计划应包括以下内容：竣工项目名称；竣工项目扫尾具体内容；竣工项目质量要求；竣工项目进度计划安排；竣工项目工程文件档案资料整理要求。项目经理应及时组织项目竣工扫尾工作，并与有关单位取得联系，及时组织验收。

单位工程完工后，承包人应自行组织有关人员进行检查评定，并向发包人提交工程验收报告。规模较小，比较简单的项目，可以一次性进行项目竣工验收；规模较大，比较复杂的项目，可以分别进行验收。项目竣工验收应依据有关文件，并必须符合国家规定的竣工条件和竣工验收要求，工程文件的归档整理应按照国家有关标准、法规的规定，移交工程文件档案应编制清单目录，符合有关规定。

项目竣工结算应由承包人编制，发包人审查，双方最终确定。编制项目竣工结算可依据下列资料：合同文件；竣工图、工程变更文件；施工技术核定单、材料代用核定单；工程计价、工程量清单、取费标准及有关调价规定；双方确认的经济签证、工程索赔资料。项目竣工验收后，承包人应在约定的期限内向发包人递交工程项目竣工结算报告及完整的结算资料，双方确认并按规定进行竣工结算。通过项目竣工验收程序，办理项目竣工结算，承包人应在合同约定的期限内进行工程项目移交。

承包人应制定工程项目回访和保修制度，并纳入质量管理体系。回访和保修应编制工作计划，工作计划应包括下列内容：主管回访与保修的部门；执行回访保修工作的单位；回访时间及主要内容等。回访可采取电话询问、登门座谈、例行回访等方式。回访应有重点地针对特殊工程以及施工中采用的新技术、新材料、新设备、新工艺的工程进行专访。签发工程质量保修书，应确定质量保修范围、保修期限、保修责任和保修费用等内容。

项目结束后，应对项目的总体和各专业组进行考核评价。项目考核评价的定量指标包括下列内容：工期、质量、工程成本、职业健康安全、环境保护等。项目考核评价的定性指标包括下列内容：经营管理理念，项目管理策划，管理基础及管理方法，新技术、新材料、新设备、新工艺推广应用情况，社会效益，外界对项目的评价等。项目考核评价应按下列程序进行：制定项目考核评价办法；建立项目考核评价组织；编制项目考核评价方案；实施项目考核评价工作；提出项目考核评价报告。项目管理结束后应编制项目管理总结，项目管理总结应包括下列内容：建设工程项目概况；组织机构、管理体系、管理控制程序；各项经济技术指标完成情况及考核评价；主要经验及问题处理；附件材料等。

第二节　建筑工程总承包的项目管理中存在的问题及对策

一、建筑工程总承包的项目管理中存在的问题

（一）总承包方与业主的关系协调

在我国建筑工程总承包实施过程中，根据笔者对项目的了解，不少的建筑工程业主与总承包方在工程实施前期的关系是比较好的，因为双方了解不深，没有直接的利益冲突，双方协调沟通得也比较好。但是，随着建筑工程的逐步实施，双方都有各自不同的任务、目标和利益，业主方尽可能多地想控制成本与总承包方想增加利润的目标上的不一致性明显表现出来，分歧不可避免。随着双方在工作上有了更多的交集，再加上施工任务紧张，需要组织协调的事情多（如总承包内部各职能部门之间，总承包与分包之间，总承包与监理之间，总承包与设计、与材料供应之间等），容易造成业主与总承包方在沟通和协调上出现问题。总承包方希望尽快完成建设工期，对自己认为的“小事情”（如局部的设计更改）就自己做主了，而业主却不认为这是“小事情”，加上沟通不及时往往产生误会。双方关系协调不好，影响到建筑工程的建设进度、质量与成本等的管理。

（二）质量及设计质量的管理

工程建设项目中的质量控制是与进度控制、投资控制并列三大控制之一，工程质量作为工程建设的核心，在根本上决定了工程项目的整体生命线，而且工

程质量的施工过程中的优劣，不仅仅是建设问题，还是经济问题和民生问题，处理结果直接关系到人民群众的切身利益，也关系到社会和谐稳定的发展大局。因此，应增强工程质量的责任感和紧迫感，全面提升建筑工程质量水平，消除因建筑工程质量给各方面造成损失，工程质量也应该得到极大的重视。现对工程总承包的各个方面可能出现的主要问题进行梳理：

业主在施工过程中参与太多，不按程序下达指令，将指令越过总承包直接下达分包单位或作业班组甚至作业人员，导致与总承包下达的相关指令产生冲突，分包方面对不同的指令执行较难，正确指令无法如期的落实；部分指令夹杂个人想法，并没有具体的规范要求和现场可操作性。

总承包工程的工程时间紧张，缺乏全面质量管理的意识，重工期往往使质量成为口号；总承包系统管理不顺，导致指令多、杂，分包单位执行较难；对分包管理时信息中断，指令未真正传递到作业班组，致使指令无法落到实处；总承包的指令犹如空谈，执行力度不够，没有完全实现总承包的管理；工程建设中需要采取的施工措施，也因多级转包后，多个单位对管理费用的抽取致使施工费用降低，施工作业班组为求利益最大化，减少或取消措施环节，不按报验中的施工措施执行，导致施工措施无法满足工程需要，工程质量无法保证，存在隐患。

分包方对作业人员的质量培训流于形式，只为应付检查。分包单位为应付业主、总承包的相关检查，在接到检查通知时，把人员召集到一起简单讲讲，甚至不讲，就让每个人签字，有了培训的记录作为资料，就算对人员进行了专业培训；大多数作业人员（农民工）存在对施工质量、技术要求不明白，风险不清楚，即使有培训也往往不重视或因文化程度原因没听懂培训内容，具体技术操作还是按自己的经验进行；施工顺序倒置。例如，某工程的污水处理用房预埋钢板的滑动端设备基础在浇筑混凝土时坍落度控制不够，且在混凝土初凝前未进行复查，导致在混凝土凝固过程中收缩应力过大，造成滑动端预埋钢板变形，使钢板表面平整度偏差超出设计、规范要求，造成二次返工；分包单位野蛮施工，不顾程序管理，未按要求进行隐蔽验收。

设计分包的问题：在建筑工程总承包的项目管理中，常常遇到设计质量的问题，表现在设计方案与设计图纸不符合国家与地方的法律、法规与条例、规范，或者设计的深度不够，不满足国家规范关于设计深度的要求。例如，在设计中缺少了消防的必要设施、变电所的最小安全净距不够等，建筑工程中不少关于建筑安全方面的强制性规定也是不允许违反的；另一方面，设计质量问题也表现在设计单位与设计人员的管理上，如由不具备承担某一项建筑工程设计资质的设计单位或者没有设计资质的人员承担建筑工程的设计，这也是不符合相关规定的。此外，设计质量的高低还通过设计的建筑工程成本显现出来。由于我国的设计体制与国外有所不同，虽然设计单位也通过设计概算体现设计的建筑工程成本，但是其设计概算过于笼统、不准确，加上以往建筑工程管理的惯例，设计单位对于建筑工程的成本没有直接的利害关系，造成了不少的设计方案不考虑造价，致使建筑工程成本过高。以上种种问题，都会导致业主对于项目的设计质量感到一定程度的缺憾。

（三）进度的管理

进度管理在整个项目目标控制体系中处于协调、带动其他工作的龙头地位，进度管理的好坏将直接影响项目能否实现合同要求的目标，也将直接影响到项目的效益。由于总承包项目是集设计、采购、施工及试运行全过程的项目，对每一个环节的进度均需加以重视，才能确保项目的顺利进行。一般来讲，建筑工程总承包模式的工程项目进度计划的管理具有层次性、全面性及适宜性要求。总承包模式进度管理的重点：了解设计、采购、施工三个环节的项目所在地的社会经济环境因素，项目关键人直接参与对计划制订。建筑工程总承包模式下，项目管理主要由总承包方负责，总承包方在控制进度方面存在的问题是为了控制风险，追求企业的利益，总承包方总是希望能够加快工程建设进度。因为工程进度加快，提前完成建筑工程的所有任务，不仅可以根据合同获得业主适当的奖励，而且更为重要的是，总承包方可以节约项目管理的人力费用，材料和设备、机械保管费用与使用费，加快使用设备材料和资金的周转速度，降低建筑工程成本，提升总承包企业的经济效益。当然，总承包方往往难以独立地决定工程的建设进度，在设计审核、工程验收等许多环节受到业主进度的制约。有时，总承包方急于加快施工进度，甚至提出不合理的片面要求，反而会造成进度的延误。在施工阶段，总承包方对进度的不合理要求表现为过于重视建筑工程的施工进度而忽视了工程质量的管理，进度计划制订得不合理，缺乏全面性和科学性。工程进度的制定是一个非常严格的过程，必须根据具体的情况制定，制定之后必须严格地执行，除非受到不可抗拒的外力影响，一般不能改变计划。但是很多工程总承包方，在制订进度计划时非常马虎，常出现不联系实际的情况，凭经验和业主方的要求随意地制订进度计划，导致进度计划存在这样或者那样的问题，在实施过程中难以实现，使进度计划变成了一个摆设。即使进度计划是完整的，也存在执行不严格的问题，致使进度计划形同虚设，没有起到作用，使进度管理难以到位。很多的进度计划虽然制订了，但不管完成情况如何都没有相应的奖惩制度。很多工程的总承包方都不重视进度计划的执行，往往制订的是一个计划，执行的是另外一个计划，使进度计划变得有名无实，导致进度计划的制订变得毫无意义，只是走了一个过场。一些工程的总承包方为了获得工程项目，经常迎合投资方，在实际的施工过程中执行了另一个进度计划。一些情况下，由于进度计划制订得相对比较简单，一个阶段和另外一个进度之间存在的时间差比较的大，导致施工的某些阶段，开始进度较慢，后期开始赶工期的情况，很容易出现施工的风险，造成经济和人员损失。进度的执行情况必须要进行监督，如果监督工作不开展，很多施工人员在施工的过程中就会显得懒散，因此，应该建立一套行之有效的奖惩制度。奖惩制度应该制定的相对详细，这样就会在处罚时有章可循，避免不必要的争执。工程的总承包方应该制定相关的管理制度，并且让专门的负责人对项目的进度进行管理，如果进度在实施过程中出现问题，总承包方应对负责人进行问责，负责人把工程进度工作进行层层的划分，使进度工作有条不紊地进行。另外，总承包方管理人员的专业能力还不能适应要求，专业面不宽，经验不足，管理能力还有待提高。

（四）合同与分包合同的管理

总承包方受业主的委托，对项目实施总包管理。同时总承包方与分包方签订合同，将自身没有资质与能力完成的分部分项工程分包给其他专业单位或劳务单位。依据合同的要求，分包单位须完成建筑工程各分部工程在投资成本、工期、质量、安全等方面的目标任务，而总承包合同条款中对总承包方的工期、质量及违约责任等是有明确规定的。因此，总承包方承担的合同风险是非常巨大的。合同是市场经济下确定不同主体之间经济关系的重要载体，分包合同是承包方将主合同内对业主承担义务的部分工作交给分包方实施，双方约定相互之间的权利义务的合同，总包与分包之间的职责通过合同来明确，不存在上下级关系，分包方具有较高的独立性，在行驶权利的同时也承担相应风险。分包合同管理存在的问题主要有：合同文本应用不当、合同文字不严谨；合同与合同条款自身不够完整；总承包在合同条款约定中往往只重视商务条款，忽视工期管理、质量管理、安全管理等条款；即使是建立合同评审制度的企业，对于质量管理合同主要条款的评审也流于形式。分包单位管理水平不够，人员素质不高，分包难以完整、准确、按时履行分包合同，造成了不少的建筑工程没有达到合同目标的要求，不能严格按合同约定履约；合同实施时对分包工程进行监管则苦于没有合同依据，发生质量纠纷时难以约束分包。总包与分包签订的分包合同在进度管理方面存在着分包合同中对分包工期要求不具体，难以追究分包工期延误的责任；对分包在施工过程中，没有对工期监督措施的约定，分包合同中对分包无工期违约处罚条款或有处罚条款但只作泛泛约定，无可操作性。总承包方如果对施工质量、进度监管不力，导致建筑工程实际的工期突破合同的计划工期，合同管理不到位、合同资料缺失，忽视诉讼时效等问题。

建筑工程决算增加造价，使其超过了合同总价，成本的增加意味着投资计划被突破。业主需要另筹资金，增加建筑工程的资金供应量，否则容易耽误工程款的支付，损害承包方的利益。

（五）成本管理的问题

当前我国的市场经济体制已经逐步建立起来并且正在迅速发展，大中型国企建筑行业开始转换机制，国家把企业推向市场，目的在于提升企业活力，增强企业自主经营、自负盈亏、自我发展和自我约束的能力。同样，作为建筑企业也面临着更加激烈的市场竞争，建筑企业能否在市场竞争中立于不败之地，关键在于能否为社会提供质量优、工期短、成本低的产品，而企业能否获得一定的经济效益，关键在于有无低廉的成本。而建筑工程总承包模式就是这样一种适应新建筑承包形式需求的经营模式。

建筑工程总承包是建筑行业的发展趋势，它是与建筑工程施工总承包、建筑工程设计总承包等模式是不同的。对于总承包方来说，由于要履行管理设计、施工、采购等环节的合同责任，在想履约中获利就必须控制住成本，而成本管理是最复杂，最难控制，也是最有效的是总承包管理。成本管理是贯穿于设计、施工、采购和试运行等全过程的复杂工作，涉及各部门，各环节及人、财、物各个要素。建筑企业在工程总承包中，实行项目成本管理是企业生存和发展的基础和核心，施工阶段的成本控制是建筑企业能否有效进行项目成本控制的关键，设计阶段的成本控制是项目成本管理的重点，采购阶段的成本控制是展示总承包项目成本管理水平的重要环节。成本控制是建筑企业能否有效进行项目成本控制的关键，如果不能全面做好成本管理控制，项目预期成本目标的达成就会存在一定障碍，从而影响项目收益的实现。因此，必须在组织和控制措施上给予高度的重视，以期达到提高企业经济效益的目的。

我国项目成本管理的实践效果不理想。有些项目缺乏必要的成本管理环节，不进行成本预测和计划，管理存在随意性；有些项目成本计划和实施明显存在分离的情况，计划做得很好，实施的过程中，完全按照自己的意图进行项目管理，计划仅仅只是贴在墙上，起不到控制的作用，更不用说降低项目的成本了。没有依据成本计划进行成本控制或由于成本计划编制质量不高，无法依据成本计划进行成本控制，使成本管理走向形式化。而成本预测与计划不准确，又使施工项目成本控制失去目标。加强项目成本核算，从项目成本管理的症结入手，也是建筑企业发展的客观需要。

二、建筑工程总承包项目管理中存在问题的对策研究

（一）解决问题的原则和思路

在建筑工程总承包项目管理中，出现的问题，有其多方面的原因，也与我国改革开放跨越式发展和加入世界贸易组织的时间较短，经验不足等密不可分。我国经济发展的过程中，许多的体制建设很不完备。特别是在建筑工程总承包领域，建筑项目承包商承包了大量的国际工程，使得我国建筑业与国际上交流比较多。国际惯例与国内现行的法律法规存在着许多不一致的地方，包括合同具体条款、招标与开工程序等，这也是造成建筑工程总承包项目管理问题的原因之一，需要政府部门通过实施进一步的改革完善制度建设。

业主在实行总承包的建筑工程中只负责对总承包方文件进行审核确认，按照合同规定的付款计划表向总承包方支付工程款，业主把设计、采购、施工、试运行的全部工作（或几个阶段的任务）都交给了总承包方，承担的风险较小。但是这并不意味着业主就没事可干了。相反，为了保证建筑工程顺利、按时、按质完成，并确保合理的工程造价，业主仍然要在合同规定的范围内，积极参与项目的

管理工作，主动与总承包方交流、沟通，协调双方的立场，并且履行本身的工作职责。

总承包方作为总承包建筑工程最大风险的承担方也有可能是获取利益最大方，应履行好自身的职责，主动与业主方多沟通，按照合同的要求建立起全面管理体系，健全并严格执行管理制度，明确分工，落实责任，并实行质量、安全、成本、进度等目标的分解与统筹管理，细化与完善合同管理措施，强化分包的履约管理，提升分包的管理能力，实现合同所规定的各项目标任务。

工程的设计质量是总承包建筑工程项目质量管理的关键性环节。对于设计质量的把握应该严格要求，业主与总承包方都负有严格控制设计质量的责任，要认识到这是大家共同的义务。两家单位只有相互配合、共同出力，把总承包建筑工程项目的设计质量管理好，才有可能建成一个大家满意的建筑工程，顺利完成合同内容，实现双赢。

（二）解决问题的对策

1.政府要担负规范总承包市场的主体责任

政府应打破行业部门的条块分割，建立统一的建筑工程总承包市场。新中国成立以来几十年实行的是计划经济，国家对于各企业实行的是垂直管理模式，即以行业管理代表国家政府的管理行为，使得各行各业的管理不具有统一性，而且差异性很大。各行业拥有不同的管理体系与管理方法，使得一个行业不理解和掌握其他行业的管理方法，特别是国外企业进入中国市场更需要很长时间熟悉每一个行业不同的行业法规和标准，使得每一个行业都具有相对的独立性和自我封闭性，不利于行业开放与市场竞争，也不利于提高政府的治理能力。实行总承包模式的建筑工程中有许多是工业建筑，大都属于石油、机械、化工、水电站、厂房等建筑工程，而这些建筑工程归属于不同的行业管理，例如，机械制造、化学工程属于工业与信息化部管理；石油工程归属于国家能源局管理；水电工程的管理单位是水利部；核电工程主管部门是国家原子能机构；铁路工程的管理部门是原铁道部；部分工业厂房的管理单位是住房和城乡建设部等。在不同的行业有不同的主管部门，不同的主管部门颁布执行的标准和管理也不尽相同。多部门管理不利于外国建设企业进入中国市场，许多中国企业也弄不懂各行各业的法规和标准。尤其是有些总承包建筑工程规模大，既有机械设备、电气设备、电子设备的安装工程，也有土建、市政工程等，涉及多个行业的领域，为总承包建筑工程项目管理带来了极大的难度。

国家建立总承包建筑工程市场，还须完善相关法规，采取措施进一步规范总承包方的行为。在总承包建筑工程招标阶段，业主只能提供项目的功能要求、预期目标和设计标准，没有设计图纸，因此，大部分业主采用议标或者邀请招标的方式选择总承包方。虽然大多数总承包方有能力、讲信誉，但是不可否认的是，在激烈的市场竞争中，有少数总承包方不顾自身的管理实力，一味过多地承揽工程，有的私下联合多家总承包企业“围标”“串标”，也有的在议标或者邀请投标时故意压低合同价格，或者拉拢与业主的关系，采用不正当手段开展竞争。当获得建筑工程的总承包权后，总承包单位既没有足够数量的专业技术队伍和专业技术人员，也缺乏成熟的项目管理人员配备，东拼西凑的项目部班子没有充足的能力管理工程。在建筑管理的过程中，往往不断地要求业主更改设计，增加合同造价，致使建设工期不断延长。这样的行为既损害了业主的利益，也破坏了总承包建筑工程市场建设的规范性，打击了公正守法、有实力的总承包单位的积极性。因此应严格管理总承包的经营行为，使之始终能够严格遵守相关的法规制度。政府可以采取的措施有：公开总承包商的不良行为记录；建立起透明的总承包的信用查询机制；对总承包的项目管理加强监督、检查，发现其有不遵守合同的不良行为立即予以严肃处理，直至清退出场；实行总承包的优胜劣汰，给予优秀的总承包公开奖励，并在建筑工程招标中予以优先考虑。从客观上促使总承包商强化企业自身专业能力，提升项目管理水平，优化项目合同管理，提高总承包商的综合实力、服务能力和服务水平。

政府要加大建筑农民工的培训力度。建筑业是国民经济的支柱产业之一，在其发展中也吸纳了农村最多的剩余劳动力。在城市人员嫌弃建筑工作繁重、危险性大的情况下，建筑工程只能依靠大量农民工，特别是中老年农民工，他们在建筑工程施工建设中起到了顶梁柱的作用。但是农民工年龄偏大、文化偏低、缺乏专业技能等问题严重影响了建筑工程的质量、工期和安全。在政府对“三农”问题越来越重视的今天，政府把原来对农民进行“输血”的扶持变成“造血”式的能力培训。对在建筑业从业的大量农民工给予政策支持，引入培训机构，采用政府购买服务的方式对农民工进行免费或定额补助的培训，不仅能提升农民工个人生存的专业技能，也保证了建筑工程质量、安全、工期，实现政府职能由管理型向服务型转变。

2.业主要协调总承包及各方履行合同

业主应努力探索实现建筑工程总承包项目的招标采购，择优选择有实力、讲信誉的总承包商，并在全过程中积极协调各方关系。我们常说的总承包建筑工程项目管理，并不是仅仅局限于总承包方的项目管理，其中业主的项目管理也是整个建筑工程管理中的重要环节，有时也是关键性的因素。业主对于项目管理的好坏，直接影响到了项目管理中问题的解决和项目管理的成效。首先，业主在招标阶段，应充分了解总承包方同类建筑工程的建设经验和业绩、综合技术能力、管理方案的合理性和全面性、施工组织设计的先进性和可行性、企业的资信与等级、社会认可度等，在较宽范围内通过公开招标进行科学的对比和遴选。其次，选择总承包方时，决不能只考虑竞争性招标方式中的最低价中标法，那样很容易造成恶意的压价竞争，使得企业技术与管理能力不强的总承包方入围，造成建筑工程项目管理的失败。合理的低价、综合评分高的承包商应是业主的首选。

业主不能“袖手旁观”，要主动参与建设项目的管理。在工程建设全过程中，业主不能认为项目交给总承包商了管理就是总承包方的事情，与己无关。必须明白，最终的工程产品是业主的，产品的好坏直接关系到建筑寿命期的长短和使用功能的好坏。因此，业主单位要积极主动协调总承包方、设计单位、施工单位、监理单位、供货商等的关系，特别是与总承包方要多开展交流，了解工程建设进度和总承包方遇到的困难，业主及时给予总承包商必要的帮助。许多项目管理中的事情仅仅依靠总承包商难以解决，或者是解决起来时间很长，而业主确有解决问题的便利条件。如项目申报材料的准备、审批、规划、许可证的办理、进口设备的报关等都需要业主单位的协助。业主在与总承包商沟通的时候，也要注意方式方法和时机，一定要注意不能干涉总承包商正常的项目管理行为，防止过于强势的业主对总承包商的正常管理工作指手画脚，使得总承包商的项目管理工作时时被打断、常常被偏离方向，使其自主权受到很大的影响，这其实也是业主方与总承包商关系不协调的另外一种表现形式。

业主单位认真履行自身职责，加强合同的履约管理。前面说过，业主的项目管理工作也是非常重要的。它包括了两方面的工作内容，既有自身的项目管理工作，这主要是一些宏观的统筹规划性和考核性的工作，也有合同履约管理，即在合同范围内负有监督、管理的职责，包括总承包在内的其他建筑工程项目参与者履行合同的责任，同时也有协调各方的义务。

业主自身的项目管理工作中，应筹建自身的建筑工程项目专门性、阶段性的组织结构。项目管理机构的人员大部分是业主单位领导、职员兼任，必要时业主可聘任有专业能力和工作经验的人员帮助管理，也就是说要有明确的专职甲方代表和工作流程，避免业主单位无人负责的尴尬局面。

有许多文件、决定需要业主来确定或者认可，如设计方案、设计深度、进度付款计划等，这些文件的确定或者认可必须由甲方代表负责接收，业主项目管理机构负责研究并在规定的时间内答复，不能由于业主的延期答复而拖延了总承包建筑工程的进度。通过双方协商，可以在总承包合同条款中细化业主方的责任，确定业主答复相关文件的具体时间期限。

在项目管理理论与方法研究中，里程碑计划是一项重要的技术工具。里程碑是指建筑工程项目管理中重大的、具有标志性、阶段性的工作。里程碑计划法就是建设过程中通过深入调研、合理安排，将这些具有标志性、阶段性的工作完成的时间节点通过科学的方法确定下来，形成了里程碑计划。里程碑计划确定了建筑工程关键节点的进度，也大致确定了整个工程项目的基本工期。它的制定便于项目管理者以此为标准实行检查、对照，可以快速发现进度方面的偏差，及时采取相应的措施进行纠偏。里程碑计划法是项目管理理论中的一种重要管理方法。在总承包建筑工程中，总承包方承担了建筑工程建设的大部分责任，按照总承包合同条件进行建筑工程建设时，业主一般不再聘请工程咨询公司为其服务，而是由业主或业主代表直接管理建筑工程项目。业主的管理可运用里程碑计划法的管理手段，认真审核里程碑计划，检查里程碑计划中目标的完成情况。业主不需要随时监督或者控制总承包方日常的每一项工作，抓住节点才是关键。但是，有时业主为了自身项目管理中的技术保障，也可以聘请1～2名专家作为业主的技术顾问，这使得业主在履行合同任务和执行合同管理时更加具有专业性和快速反应能力。

第三节　建筑工程项目管理的合作联盟模式

一、项目管理合作联盟治理结构

建设项目中标后，建设项目总承包企业为实现项目目标，联合专业工程分包商、劳务分包商、设备材料供应商、设计分包商等单位形成建设项目合作联盟。总承包企业（盟主企业）按照工作分解结构将建设项目分解为许多子项目，委托各分包商完成，总承包企业与各分包商是委托代理关系。当总承包企业通过一定方式将工程项目委托给工程分包商代为实施时，总承包企业与各分包商之间在合同上形成了一种委托代理关系。委托代理理论认为，个体总是追求自身效用的最大化，而制度安排只能在满足个体理性的基础上实现集体效用最大化。

“治理结构”是指在委托——代理机制下规范不同利益主体间权、责、利关系的制度安排。建设项目合作联盟治理结构体现了建设项目合作联盟主要利益相关者，如总承包企业、专业工程分包商、劳务分包商、设备材料供应商、设计分包商之间权、责、利关系的制度安排。建设项目合作联盟治理给出了建设项目运行的基础和责任体系框架，通过设置良好的制度框架，规定整个建设项目运作的基本网络框架如何优化联盟治理结构，降低代理成本，最终实现“多赢”，这也是建设项目合作联盟治理的基本原则。伙伴式管理模式能够实现以稳定的委托——代理关系减少代理成本。实现联盟效用最大化。建设项目合作联盟治理结构是一个多角度、多层的概念，此概念应能体现以建设项目为中心，以各参与主体间的制衡为目标的思想，可以从狭义的治理和广义的治理两个方面去理解。狭义的建设项目合作联盟治理结构是指联盟的盟主企业——总承包企业对各盟员企业——分包商的一种监督、激励与制衡机制，即通过契约设计和制度安排，合理地配置总承包企业与分包商之间的权利与责任关系。总承包企业是联盟治理结构的核心。首先，为了实现项目目标，总承包企业要对联盟内部进行有效的沟通和控制；其次，总承包企业要与各分包商签订契约，并以契约为约束，协调各分包商的利益，达到各方利益均衡。广义的建设项目合作联盟治理结构是指不仅限于总承包企业与分包商间的制衡，而是涉及业主、建设监理、政府、社区等利益相关者之间的利益制衡问题。广义的建设项目合作联盟治理结构是通过正式或非正式的、内部的或外部的制度、契约、机制、惯例、法制等手段协调联盟与所有利益相关者的利益关系，保证联盟决策的科学化和正确性，维护各方的利益。广义的建设项目合作联盟治理结构的核心是建设项目合作联盟组织，它所面对的是较为刚性的核心伙伴组织，较为柔性的契约共同体，以及松散的外部利益相关者。

建设项目合作联盟治理之所以成为必要，关键在于联盟中存在两个问题：代理问题，即组织成员之间存在着利益冲突。代理问题主要是总承包企业对各分包商的监督、激励以及总承包企业与分包商间的利益分配问题，但是由于信息不对称会出现分包商欺骗总承包企业的“道德风险”与“逆向选择”行为。信息不对称是双向的，同样总承包企业也会利用自己的信息优势侵害分包商的利益。不完全契约问题，不完全契约是由于总承包企业与各分包商的有限理性和未来的不确定性导致的。由于契约的不完全性，联盟中各参与主体不能实现事前设计行为规则的完全集合。

二、联盟竞合关系及沟通机制

（一）联盟竞合关系

现代建筑承包市场中，“竞争性的排他”已被“联盟式的合作”所取代和包容。全球经济一体化和信息化，加剧了建筑承包市场的竞争，使承包企业竞争日趋激烈。知识经济和网络经济为核心的新经济的出现，改变着当今建筑产品生产的过程和方式。业主需求越来越多样化，用户期望值越来越高，整个国际承包市场被不断细分，在建筑产品的增值链上，业主、建筑设计者、施工承包企业、建筑设备供应商及相关利益群体的联系越来越紧密。社会价值观念的变化（如人类环境的可持续发展问题、面向业主的建筑产品个性化和一体化等）不断影响着建筑承包企业的决策和运作。在这样的背景下，单个建筑企业孤立经营的传统格局被打破，进入了从孤立生产向协作经营，从生产型向关系型，从独立发展向互联合作的大转变时期。各个承包企业都深知，排他的竞争只考虑到自己的利益，只能依赖自己的资源，这不仅会增大竞争的成本，而且很难发挥自己的优势。同时，任何一个企业的资源都是有限的，而通过企业间的合作可以带来联盟协同效益，使各个单个企业的局部优势组合成为全面的竞争优势，实现资源的最优综合利用，即企业总是力求以最小的资源成本获取最大的效用总量。而要获得竞争优势，必须懂得如何把自己的核心能力和技术专长恰当地同其他企业各种可依赖的竞争资源结合起来，从而弥补自身的不足和局限。

综上所述，当代企业竞争战略的重点是以产品为中心，与价值链上各相关企业或群体组织建立起协同合作关系，最终实现利益共享的目标。这就意味着，企业的竞争进入各方共赢的合作时代。事实上，企业的商业活动是竞争与合作的综合体，单纯强调竞争与合作中的任何一方面都是不妥的，与对手进行你死我活的竞争只会破坏市场，最终一无所获，为了合作不考虑自身利益，创造一个自己不能把握的市场也不是明智之举。

（二）联盟沟通协调机制

因为联盟本身的这种竞合关系，联盟内部在沟通过程中存在着一定的信息不对称以及参与各方对信息获取、判断能力不同的现象，使得在以组织体系结构为主要信息流通形式的建筑工程项目管理合作联盟模式中各个成员企业之间的沟通协调工作具有非常重要的意义。沟通协调工作是联盟模式管理中最重要的环节，联盟模式通过动态组织体系结构对各种生产要素、各个工程环节以及各个工作界面加以衔接和整合，使其达到和谐、统一和平衡，确保工程项目目标顺利实现。联盟模式完成其目的或目标的能力在很大程度上依赖于企业之间有效沟通的能力。人际沟通是有效的联盟规划、解决问题、行动、反映与评价的基础。可见联盟内外的沟通效果和方式对于联盟模式的文化形成、凝聚力的加强、形象的形成与提升、绩效的提高、员工的满意度等方面有着举足轻重的作用。一般来说，联盟模式沟通包括联盟模式内部沟通和联盟体外部沟通两个方面。它与一般意义上的沟通区别在于：联盟模式的沟通有特定的环境，在工作的范畴内，其对象既是人际沟通的一般对象，同时又是工作任务要求沟通的对象，具有双重性。这就决定了研究联盟模式沟通问题的复杂性和困难性，同时也使得联盟模式沟通的研究变得更加迫切。下面对建筑工程项目管理合作联盟模式的沟通协调进行分析。

沟通协调通常分为两种形式：横向沟通和纵向沟通。在横向沟通和协调关系中，沟通协调的双方是平等地位的合作者，这样有利于双方平等地探讨意见的分歧，并最终发现问题的症结所在，找出解决问题的方法。但在双方意见分歧较大或者沟通双方技巧不高的时候，这种平等关系不能针对问题做出最终结论，随之分歧发展、升级成为冲突。相对于纵向沟通，这种情况很少出现。因为在纵向沟通中，两者有一定的行政隶属关系，即上下级关系，即使出现分歧并不能立即协调时，上级会采用行政命令的方式强行执行决定，从而避免因沟通协调不畅引起冲突。但在纵向沟通中，往往会出现下级为了明哲保身、讨好上级隐瞒自己的真实想法，或者盲目接受上级意见，导致执行过程中出现重大失误，造成巨大损失，或者上级打击下级人员的积极性和主观能动性，影响工程项目目标的顺利完成。建筑工程项目管理合作联盟模式中各个成员企业之间沟通协调的有效性比传统管理模式更为重要，这是由联盟模式的动态性、网络性特点所决定的。

三、合作联盟信任机制

（一）成员信任问题

虽然合作联盟模式可以实现“强强联手”，通过资源整合从而增强联盟整体核心竞争力，实现多方共赢的局面。但并非所有的合作联盟都能取得辉煌的业绩，有时失败率也很高，合作联盟的失败大多也被归结为联盟内部缺乏相互信任，这是因为企业之间的合作关系实际上基于一种对未来行为的承诺，这种承诺既可以公开规定，也可以默契达成。现实中的联盟总存在着不确定性，即使拥有最完善的报告和审计制度、最昂贵的检测和监督手段，还是存在着信息的不完全问题。建设项目参与各方目标、利益并不完全一致，联盟模式的组建初始阶段就必须让各方明确合作的利益所在，这就是经典的“囚徒困境”问题的解释。参与方的动机可能是竞争也可能是合作，竞争性动机是基于自身利益，会引起恶性竞争——报复或闭关防御；合作性动机是把双方利益放在第一位，特点是回报。信任，是人类对其行为和信仰的一种态度，建立在高度可预见性基础之上，是靠自身行为来赢得的。这表明：一方在采用合作性策略之前必须能做出准确判断——对方也会采用相应的合作姿态，否则将会蒙受损失。对信任的研究通常是从期待性和可预见性两方面阐述的。信任是和一个人的自信有关，同时也建立在人们对未来事物的预见基础上。信任也阐述为一个良好的个人之间或组织之间的关系，也是组织中成员保持长期稳定的重要因素。信任既是发展的原动力，也是导致灭亡的匕首。人与人之间的信任是基于个人或组织依赖另一个人或组织的语言、承诺、口头或书面陈述的一种期待。信任不是明确的某一事件而是对其观察得出来的总期望值。信任是人们有意识的思考过程，评估客观事物，即选择相信某人在于其有足够明显或较好的理由值得相信。当人们基于信任关系时，通常会做出感性的决定——相信这种信任关系存在内在的价值，而且一定能得到回报。经常性的互动能积极推进双方的信任关系。当建筑工程项目管理合作联盟模式内各参与方不断地从对方获得所期待的信任，那么就会很自然地发展成为联盟伙伴合作关系。换句话说，当个人或组织从对方获得一系列信任期待，则双方的信任就得到了加强，信任发展是合同参与方的感情连接。因此，信任需要通过多次相互合作进一步加强，联盟模式具有重复博弈的特点，通过联盟模式的实施运行平台实现多次合作，能加强成员企业之间的信任关系。判断一个合作伙伴是否值得信任，通常采用以下评估条件：符合项目目标，咨询师的合理评价和声明，实施支付的及时性、信息反馈和协商声明的态度等。在工程项目建设实施阶段，如果合同各方的信誉历史记录良好，即使建设环境风险高或外界不确定性因素大，参与方之间的信任也同样能得到发展。总的说来，一项大型的建筑工程会持续好几年，通过持续的交易，各方都能得到预期的积极结果，那么联盟模式中各成员企业之间的良好合作关系也会随着信任加深而加强。

（二）信任类型和机制

根据巴内和哈森的观点，可以把信任分为低度信任、中度信任和高度信任三种不同程度的相互信任。

低度信任意味着存在有限的机会主义可能性。但是低度信任并不必然导致联盟成员的相互欺骗，成员企业之间还是表现出相互的信心。因为他们相信自己没有明显的弱点可被他方用来作为损害自己利益的武器。这种低度信任的存在既不依赖于周密的治理机制，也不依靠成员企业对高度可信任的标准化行为规范的实施。成员企业间相互信任的不足是由于成员企业之间商品或服务交换得不够，这是因为在联盟内，商品或服务可以以较低的成本计价交换，交换各方无须进行大量以交易为导向的、旨在加强相互关系的投资。在此情况下各方对信任的依赖度大大降低。

中度信任常被称为“治理信任”。当联盟存在脆弱性而联盟中的成员企业希望通过各种治理机制保护其利益时就出现了中度信任。中度信任通常借助于治理手段，这些治理手段包括对表现出机会主义行为倾向与活动的成员企业追加成本，使得机会主义行为的成本远大于其收益，进而迫使成员企业修正不当行为，并将此行为转为以可信任的方式表现出既符合理性又能自我获益的行为。换言之，通过机制的设立规范成员企业的行为，保证成员企业的弱点不会被其他企业所利用。这样的治理手段既可以通过市场也可以采用合同得以实施。例如，摩托罗拉为了确保在进入日本市场时得到东芝的完全合作，在合约中订有激励性条款，其中之一就是摩托罗拉以东芝所承诺的市场份额的一定比例，分阶段地向东芝转移其微处理器技术等。

高度信任又叫“硬核心信任”。当联盟面临巨大的脆弱性威胁时不管是否存在社会或经济的治理机制，联盟内部都会出现高度的相互信任。在这种情况下，任何的机会主义行为都将破坏联盟成员所共同建立的价值观、基本原则和行为规范，并最终使联盟毁于这种破坏。联盟中的成员企业之所以值得其他企业高度信任或它能对其他企业的行为动机与结果给予充分的信任是基于两个基本的条件：一是这个企业拥有对非机会主义行为实施奖励的企业文化和防范机会主义的控制系统；二是代表企业的特定个人是个值得高度信赖的人，他在行业中有着优良的记录和极佳的口碑。联盟成员间彼此的高度信任通常是联盟快速发展的催化剂。高度信任联盟要求成员企业有很强的承担风险的意愿，相信其他的合伙企业不会利用自己的弱点而做损人利己的事情。但是，即使是高度信任的联盟，其成员企业也必然与其他联盟的成员企业一样，受到预期经济收益的诱惑。联盟的组建和日常的经营活动必然由经济利益所驱动。高度信任的联盟中，经济因素起着次要的作用，而诸如商业道德、长期合作等社会因素则在联盟中发挥着主要的作用。中度信任的联盟中由于建立了与合约精神一致的联盟内治理机构与手段，从而激励、迫使成员企业按既定的行为，规范朝着预期的方向发展。低度信任的情况下，由于不存在脆弱性问题，因而社会与心理因素在联盟成员企业的相互关系中的作用微乎其微，经济因素起着主导作用。

信任机制已成为合作联盟成功运作和发展不可缺少的润滑剂和动力。为在合作联盟内部建立可靠的相互信任机制，库玛提出，选择合适的合作伙伴是建立战略联盟的首要任务。如同我们在择业时要考虑工资、福利、前途等因素一样。在选择战略合作伙伴时必须对合作伙伴的过去、现在和未来等一系列要素进行综合评估。一般而言，用以形成战略联盟内部的相互信任机制的措施主要有以下两个方面：第一，联盟内部信任的评审体系。在选择合作伙伴、缔结联盟以及在联盟以后的运作过程中，必须通过一套经常性的、持续的内部评估审核分析体系对每一合作伙伴作出科学的评价。那些最知名的企业并不总是合作伙伴的最佳选择，有时候他们与你具有太多的相似性，不能给你提供具有突破性的思想。因此一个企业在组建联盟以前，必须明确知道自己需要什么样的合作伙伴。只有在全面分析了潜在合作伙伴的各个方面并确定真正适合自己的合作伙伴后，再与其结成的联盟才有可能达到预期的成功。第二，建立相互信任的机制。要建立起联盟成员间的相互信任关系，首先要建立起能够促进相互信任的产生机制。

规范型信任。规范型信任产生于建立一套激励企业采取合作行为，阻止企业之间相互欺骗的规范，增加合作的收益，提高防范欺骗的成本。对于核心企业而言，拟订一个能够确保各方实现多赢局面的联盟模式协议是建立规范型信任关系的基础。这一协议至少应包括以下两个方面的内容：第一，建立合理的收益分配机制，从正面激励各个成员企业之间相互信任，密切合作的关系；第二，建立有效的风险防范机制，从负面防范风险，并监督成员企业履行自己的义务，加大防欺骗和逃逸的成本，稳定联盟模式的合作关系。联盟协议的拟订应确保公平，包括分配公平和程序公平。协议强调内在的激励效应，由于各成员企业自利动机的存在，每个企业都会将潜在的违背协议条款带来的收益与因违约而受惩罚的损失进行对比，如果违约的潜在收益比受惩罚招致的损失小，生产链上各节点企业就不会试图违约。

特征型信任。特征型信任产生于企业之间在企业文化、社会背景等方面的相似或相近。相似的企业文化能够确保联盟模式强大的凝聚力。成员企业的企业文化越接近，其思维和行为模式的一致性就越高，相互之间行动的可预期性就越强。这种相似的企业文化能减少联盟模式各个成员企业之间的矛盾和冲突，强化企业之间行为的连续性，确保相互间的信任关系受到最小的干扰，从而成为维护联盟稳定性的基础。对于跨越国界的联盟而言，由于文化背景、风俗习惯、语言文字等的不同，企业文化往往呈现出较大的差异。此时，信任关系的建立要求合作各方事先认识和理解这种差异。地域上的接近同样也有助于联盟信任关系的确立，由于处于相似的经济、社会、文化环境中，成员企业之间往往具有相似的管理制度、工作方式等，使得不同企业的人员容易沟通，易于达成共识。尤其是在相对集中的地域范围内，不同企业人员之间存在着血缘、亲友等关系将大大有利于企业信任关系的发展。

过程型信任。过程型信任产生于行为的连续性，长期持续和可靠的相互关系有助于进一步强化相互之间的信任关系。联盟模式中的信任关系是一个动态强化、相互诱导的过程。如果企业之间彼此合作，随着相互关系的发展，联盟整体收益和各成员企业的收益都得以提高，相互信任的关系会进一步深化。在联盟模式内部的竞合机制及其实施运行平台、组织体系结构等特点共同作用下，联盟模式能自发地有效地调节各成员企业的行为，将一次性博弈变为重复博弈。在我国目前的社会、文化背景下，再加上信息平台的不完善和不规范，建筑工程项目管理合作联盟模式中各成员企业之间的重复博弈还不能完全实现，这种情况下必须引入一种信任监督机制或非合作惩罚机制，使各成员企业从长远利益出发，不因眼前的“机会主义”收益而不顾及自己的“声誉”。从而对成员企业的行为加以约束，消除非合作行为。在联盟模式运行的信息平台网络上建立第三方中介监督机构，如设立信用公告牌或管理委员会，对每一个采用非合作行为或恶意欺诈行为的参与者给予曝光甚至诉诸法律。与其合作的联盟模式网络结构中的成员企业通过查看其信用记录，就不会再与其合作，也就是将其排除联盟组织体系潜在成员库之外，即对其实施了永久的惩罚。从而，使得每一个参与企业都慎重地对待自己的每一个行为，促使其从长远利益出发避免短期的一次性的投机行为。另外，在联盟模式的组建和运行过程中，还应采取与契约手段并存的方法防范联盟过程中的机会主义。

第三章　建筑工程项目集成管理

第一节　建筑工程项目集成管理理论分析

一、建筑工程项目集成管理相关理论分析

（一）集成管理理论

集成管理学，是一门以集成行为为研究对象，研究其活动特征、机制、原理、方式和发展变化规律的一般管理科学。

1.集成的定义

集成的定义，是我们认识集成的出发点，是研究集成问题、探索集成规律、实施集成管理的基础。对于什么是集成，迄今为止理论界并未形成统一的认识，也未形成公认的结论。下面是不同学者根据自己对集成的认识提出的集成定义。

中国科学院戴汝为教授认为，集成就是把一个非常复杂的事物的各个方面综合起来，集其大成。集成的含义在这里主要用来表述将事物中各个好的方面、精华部分，并集中起来组合在一起，从而达到整体最优的效果。

华中理工大学龚建桥教授认为，集成是指将独立的若干部分加在一起或者结合在一起成为一个整体。东华大学刘晓强教授也认为，集成是一些事物集中在一起构成一个整体。

中国人民大学李宝山教授等认为："要素仅仅是一般性地结合在一起并不能称之为集成，只有当要素经过主动的优化，选择搭配，相互之间以最合理的结构

形式结合在一起，形成一个由适宜要素组成的、相互优势互补、匹配的有机体，这样的过程才称为集成。”

武汉大学海峰教授等认为：“集成从一般意义上可以理解为两个或两个以上的要素（单元、子系统）集合成为一个有机整体，这种集成不是要素之间的简单相加，而是要素之间的有机组合，即按照某一（些）集成规则进行的组合和构造，其目的在于提高有机整体（系统）的整体功能。”

福州大学吴秋明教授认为：“所谓集成，是具有某种公共属性要素的集合。”《辞源》中，“集”有聚集、积累、成书的著作等之意，“成”为古代奏乐的一篇，故“成”可理解为“部分”，而“集成”就是部分的集合。《现代汉语词典》中，“集”有集合、聚集、集子等之意，“成”为十分之一，也包含有“集成”为部分的集合之意。从“集成”一词的中英文解释看，吴秋明教授对集成的定义具有一般性的意义，可以普遍适用于各种集成现象的解释。因此，集成的含义就是具有某种公共属性要素的集合。

2.集成管理的定义

集成是具有某种公共属性要素的集合，就其过程而言，仍属于系统构建过程的子过程，属于要素集合活动的范畴。因此，要使这一过程有效，使集成要素相互间以较合理的结构形式结合在一起，形成一个由适宜要素组成的、相互优势互补、匹配的有机体，就必须进行有效的管理。“管理是通过计划工作、组织工作、领导工作和控制工作的诸过程来协调所有的资源，以便达到既定的目标”。集成，无论是作为一种现象、一种过程、一种活动，或是一种结果，在我们的讨论中，都只是作为管理的特定对象，对集成的认识，集成规律的探索等，其目的在于实施有效的集成管理。所谓集成管理，是指对特定要素的集成活动以及集成体的形成、维持及发展变化，进行能动的计划、组织、指挥、协调、控制，以达到整合增效目的的过程。在此需要说明的是，集成管理的对象是要素的集成活动。它既包括了对具有公共属性要素的集合过程的管理，又包括了对要素经过集合后所形成的整体或系统的维持，以及对这个整体或系统在内外环境作用下，变化、发展规律的研究、探索、演变跟踪。简言之，集成管理是对要素集成活动全过程的管理。

3.集成管理的特征

集成管理具有以下几个方面的主要特征：

（1）主体行为性

集成管理的主体行为性特征表现为，集成是集成主体。人的有意识、有选择的行为过程，是为实现集成主体某一具体目的而进行的有意识的活动。因此，集成管理突出强调集成主体的主体行为性。

（2）功能倍增性

集成管理的功能倍增性特征表现为，集成管理是一种以功能倍增或涌现出新的功能为结果的，因此，它不是集成要素各功能的简单加和，而是一种非线性功能变化或功能涌现。如集成电路，不仅大大提高分立元件所组成电路的功效，而且在抗干扰性、稳定性等方面增加了新的功能。

（3）整体优化性

集成管理的整体优化性特征表现为，集成管理是集成行为主体的有意识、有选择的过程，这种有意识、有选择的过程本身就包含着优化的思想方法，而且经过有目的、有意识的比较选择，能充分发挥各集成要素的优势，并且最终实现整体优势、整体优化目标。

（4）相容性

集成管理的相容性特征表现为，各集成元素（单元）之间有着内在的相互关系或联系，这种相互关系和联系，是各集成元素（单元）能否集成为一个整体的必要条件，当然这种相互关系和联系是以具体的集成目标为前提的。

从本质上讲，集成管理强调人的主体行为性和集成体形成后的功能倍增性，其目的在于更大程度地提高集成体的整体功能，适应环境的要求，以更加有效地实现集成体（系统）的目标。这无疑是构造系统的一种理念，同时也是解决复杂系统问题和提高系统整体功能的方法。

（二）系统理论

系统理论是研究集成管理的基础理论。系统论的渊源是辩证法，它强调从事物的普遍联系和发展变化中研究事物。系统论不仅从哲学角度提出了有关系统的基本思想，并且通过科学的、精确的数学方法，定量地描述系统之间的差异及其相互作用、发展变化的过程。

1.系统的概念

系统的概念来源于人类的长期社会实践。20世纪40年代，著名生物学家贝塔朗菲创立了一般系统理论，他将系统定义为：系统是处在一定相互联系中的与环境发生关系的各组成部分的整体。该定义强调的是要素之间的相互作用以及系统对要素的整（综）合作用。我国著名科学家钱学森给出的系统定义是：系统是由相互制约的各部分组成的具有一定功能的整体。这个定义强调的是系统的功能。概括起来理解，系统是由相互联系、相互作用的若干要素结合而成的、具有特定功能的有机整体，它不断地同外界进行物质和能量的交换而维持一种稳定的、有序的状态。

任何事物都是系统与要素的对立统一体，系统与要素的对立统一是客观事物的本质属性和存在方式，它们相互依存，互为条件，在事物的运动和变化中，系统和要素总是相互伴随而产生，相互作用而变化，它们的相互作用有如下三个方面：

（1）系统通过整体作用支配和控制要素

当系统处于平衡稳定条件时，系统通过整体作用控制和决定各个要素在系统中的地位、排列顺序、作用的性质和范围的大小，统率着各个要素的特性和功能，协调着各个要素之间的数量比例关系，等等。在系统整体中，每个要素以及要素之间的相互关系都由系统决定。系统整体稳定，要素也稳定，当系统整体的特征和功能发生变化，要素以及要素之间的关系也随之发生变化。

（2）要素通过相互作用决定系统的特征和功能

一般地说，要素对系统的作用有两种可能趋势。一种是如果要素的组成成分和数量具有一种协调、适应的比例关系，就能够维持系统的动态平衡和稳定，并促使系统走向组织化、有序化；一种是如果两者的比例发生变化，使要素相互之间出现不协调、不适应的比例关系，就会破坏系统的平衡和稳定，甚至使系统衰退、崩溃和消亡。

（3）系统和要素的概念是相对的

由于事物生成和发展的无限性，系统和要素的区别是相对的。由要素组成的系统，又是较高一级系统的组成部分，在这个更大系统中是一个要素，同时它又是较低一级组成要素的系统。

系统论给人们提供了一种科学的思维方法，即系统思维方法。系统思维，就是把研究对象作为一个系统整体进行思考、研究。它是一种整体的、多维的思维方式，同传统的思维方法有很大的区别。

2.系统与集成管理的关系

系统是元素集成的结果。要建立一个系统，包括复杂的系统，就必须有一个元素集成的过程。没有元素的集成过程，系统将永远停留在设计阶段，无法形成。不但如此，集成还是系统重构的必要手段和过程。因为，任何一个系统都有诞生、发展、成熟和衰亡的生命周期过程，为了适应环境变化，延长系统生命周期，系统就必须根据环境要求，对系统要素进行适时重组，这个过程就是集成。

系统理论对集成具有指导作用。集成作为构建系统的一项基本活动，必须以系统理论为指导，换句话说，系统理论对集成过程具有指导意义。从这个意义说，系统的目标即为集成的最终目标，系统的结构、功能、关系将制约着集成的行为过程，系统的功能表现将是评价集成管理的重要准则之一。

二、建筑工程项目集成管理的概念

目前，对于建筑工程项目集成管理，尚无统一的定义。同济大学丁士昭教授认为，所谓建设项目全生命期集成化管理，是为建设一个满足功能需求和经济上可行的项目，对其从项目前期策划，直至项目拆除的全寿命周期进行策划、协调和控制，以使该项目在预定的建设期限内、在计划的投资范围内顺利完成建设任务，达到所要求的工程质量标准，满足投资商、项目的经营者以及最终用户的需求。在项目运营期进行物业的财务管理、空间管理、用户管理和运营维护管理，以使该项目创造尽可能大的有形和无形的效益。

南开大学的戚安邦教授认为，项目集成管理的目标是保障一个项目各方面的工作能够有机地协调与配合，它的内容包括为达到甚至超过项目相关利益者的期望去协调各方面的目标和要求、计划安排最佳（或满意）的项目行动方案，以及集成控制项目的变更和协调工作等内容。项目集成管理从本质上说就是从全局观点出发，以项目整体利益最大化作为目标，以项目时间、成本、质量、范围、采购等各种项目专项管理的协调与整合为主要内容而开展的一种综合性管理活动。

丁上昭教授认为，要侧重于项目的全生命期，以运营目标为导向，寻求建设期目标与运营期目标的平衡。戚安邦教授则更多地从项目管理的内容出发，协调项目管理要素之间的关系，从而实现项目的集成管理。

虽然尚无统一定义，但从上述描述中可以看出，建筑工程项目集成管理是把集成管理、系统论及项目管理理论的某些思想、方法等，根据建筑工程项目的特点，有机地联系起来，通过各种管理技术，使局部和整体之间的关系协调配合，以实现项目整体利益的最大化。

建筑工程项目集成管理定义：建筑工程项目集成管理是对建筑工程项目全过程中的各种集成行为进行能动的计划、组织、指挥、协调、控制，使项目在预定的建设期限内、在计划的投资范围内顺利完成建设任务，达到所要求的工程质量标准，并尽可能地满足项目利益相关者的需求，创造出更大的有形和无形效益的过程，具体包含以下几层含义：

建筑工程项目集成管理的对象是建筑工程项目中的各种集成行为，即对建筑工程项目中具有公共属性要素集成的管理。建筑工程项目中的集成行为主要包括全寿命期集成、项目利益相关者集成、管理要素集成、技术集成等。

全寿命期集成：建筑工程项目全寿命期是指从项目构思开始到项目废除或拆迁的全过程，在全寿命期中，建筑工程项目经历前期决策阶段、实施阶段（包括设计阶段和施工阶段）和运营阶段。

项目利益相关者集成：建筑工程项目的利益相关者是指在建筑工程项目的全过程中，能够影响项目的实现或受项目影响的团体或个人，通常包括业主、咨询专家、设计单位、监理单位、承包商、分包商、设备供货商、原材料供应商、政府机构、社区公众等。建筑工程项目与这些利益相关者群体结成了关系网络，各相关方在其中相互作用、相互影响。

管理要素（目标）集成：建筑工程项目具有工期、质量、成本、范围、人力资源、风险、沟通等多个相互影响和制约的管理要素。在一个项目的实现过程中，项目中任何一个要素的变更都会对项目其他方面造成影响。例如，一个项目的范围发生变更，通常直接造成一个项目的费用、工期和质量等要素发生变化。这种项目各要素之间的相互影响和关联要求在一个项目的管理中必须充分、有效地开展项目的集成管理。通过工程项目管理要素的集成管理，在项目实施过程中对这些目标和要素进行通盘的规划和考虑，以达到对项目的全局优化。

技术集成：建筑工程项目的技术集成是在工程项目实施过程的各个阶段，充分利用信息技术和知识集成技术，建立以知识和信息为基础的技术知识集成平台，将所有可能使用的技术知识集成为一个系统。因此，工程项目要想取得成功，必须对项目利益相关者进行集成管理。项目利益相关者的集成管理是一个各方相互沟通协调、确定各自权利义务、界定项目目标的过程，以达到降低成本、加快进度、保证质量、控制风险、多方共赢的目的。

建筑工程项目集成管理既包含了对各种集成行为的管理，又包括了对要素经过集成后所形成的整体或系统的维持，以及对这个整体或系统在内外环境作用下，变化、发展规律的研究、探索，演变跟踪。

建筑工程项目集成管理的目的是通过整合求得增效。在此，“增效”不仅仅是指增加项目的经济效益，还是项目综合效益（包括经济效益、社会效益等）的提高。它强调的是，通过要素的整合达到1+1>2的功能或效益倍增的效果。

建筑工程项目集成管理的基本过程是计划、组织、指挥、协调、控制。这与任何一项管理活动无异，一般管理学的基本原理和精神，同样适用于这一过程。

第二节　建筑工程项目各阶段的集成管理

一、建筑工程项目决策阶段集成管理

（一）建筑工程项目决策阶段的工作内容

建筑工程项目决策是指决策人按照一定的程序、方法和标准，对建筑工程项目规模、投资与收益、工期与质量、技术与运行条件、项目的环境影响等方面所做的调查、研究、分析、判断及抉择过程。它是项目的利益主体为了实现组织目标，运用相关的决策原理与方法对项目是否实施以及按照哪种项目方案实施的抉择过程。

建筑工程项目决策程序体系概括为三个核心阶段，即项目建议书阶段、可行性研究阶段、项目评价及抉择阶段。这三个阶段中的任何一个阶段如果研究的结果为不可行，那么不再进行下一阶段的工作。反之，就要继续深入，直至全部通过评审，使项目最终顺利地立项实施。

1.建筑工程项目建议书阶段

建筑工程项目建议书是根据国民经济和社会发展长期规划、行业规划、地区

规划，经过调查研究、市场预测及技术经济的分析，对拟建项目的总体轮廓提出设想的建议文件。它主要是从客观上对项目立项的必要性做出分析衡量，并初步分析项目建设的可能性，向项目决策者推荐项目。项目建议书经批准后，即可开展可行性研究。

2.建筑工程项目可行性研究阶段

项目可行性研究的目标是从市场、实施条件、技术、财务、国民经济、社会、风险等方面证实项目的可行性和合理性，为项目投资决策提供可靠的、科学的依据，从而选择最优方案，获得最佳的资金使用效果。

3.建筑工程项目评估与抉择阶段

建筑工程项目评估与抉择是在可行性研究的基础上进行的，其主要任务是对拟建项目的可行性研究报告进行审核，提出评价意见，以最终决定项目是否可行、合理，并选择最佳投资方案。

（二）建筑工程项目决策阶段集成管理

建筑工程项目决策阶段的主要工作就是对具体的建筑工程项目和建设方案进行选择，为了实现预期的投资目标，采用科学的理论、方法和手段，对若干可行的投资方案进行研究论证，从中选出最为满意的投资方案。而在当前的决策过程中，可行性研究主要考虑的是项目建设期的费用，即强调一次性建造费用，对未来的运营和维护成本不予考虑或考虑很少，但是运营及维护费用在全寿命期费用中占有很大的比重。由于建设项目类型不同、运营及维护费用定义范围不同、寿命期及贴现率取值不同等多种原因，一次性建造费用和运营及维护费用比例差别较大，不难看出，运营及维护费用在全寿命期费用中占有相当大的比重。因此，建筑工程项目决策过程中强调一次性建造费用，而轻视运营及维护费用的现状必须改变。

此外，在工程项目全寿命期不同阶段，对全寿命期费用的影响可能性区别很大。项目决策阶段对项目全寿命期费用的影响最大。建筑工程项目的前期决策既是项目投资的首要环节，也是工程项目能否达到预期目标的重要方面。若要节约建设投资，使有限的资金发挥最大效益，必须重视对建设项目决策行为的研究。

基于此，在决策阶段，建筑工程项目集成管理的重点就是要从项目全寿命期的角度出发，在决策过程中综合考虑项目建设前期、建设期、使用期和拆除期等阶段的情况，尤其是考虑工程项目的建设阶段和运营及维护阶段，达到两者之间的最佳平衡，使建筑工程项目满足使用要求，全寿命期总费用最低。为此，决策阶段建筑工程项目集成管理要实现项目全寿命期的集成，基于全寿命期费用和全寿命周期质量两个方面的分析，作出科学决策。

二、建筑工程项目计划/设计阶段集成管理

（一）建筑工程项目计划/设计阶段的工作内容

项目的可行性研究报告获得批准后，建筑工程项目即进入计划/设计阶段。该阶段的主要工作是将建筑工程项目的设想变成可实施的蓝图，其中，关键工作有如下几个方面：

1.选定勘察单位，完成建筑工程项目的勘察工作

建设单位（业主）通过招标等方式选定勘察单位。勘察单位根据国家相关规定和建筑工程项目的性质、规模、复杂程度及建设地点的具体情况，完成相应的勘察项目，主要包括：自然条件观测、资源探测、地震安全性评价、环境评价和环境基底观测、工程地质勘察、水文地质勘察、工程测量等。工程勘察为工程项目的设计、施工提供可靠的依据。

2.编制设计任务书

设计任务书是确定建筑工程项目及其建设方案（包括建设规模、建设依据、建设布局和建设进度）的重要文件，是编制设计文件的主要依据。设计任务书是对可行性研究报告中最佳方案做进一步的实施性研究，并在此基础上形成制约建筑工程项目全过程的指导性文件。建设单位可以委托专业设计单位、工程咨询单位承担设计任务书的编制组织工作。目前在实践中设计任务书未能引起足够的重视，没有设计任务书或任务书不够详细照样做设计，这是造成大量图纸返工、修改，委托方对设计成果不满意的非常重要的原因之一。

3.选定设计单位，完成建筑工程项目的设计任务

建设单位在获得可行性研究报告批准文件、建设用地规划许可证和建设用地红线图、规划设计条件通知书后，可以通过招标投标择优选择设计单位，开展建筑工程项目的设计工作。建筑工程项目的设计工作主要包括方案设计、扩初设计和施工图设计三个阶段。方案设计是概念性的，其作用是确定设计的总体框架；

思想方法上应该以功能分析为主，以满足最终用户的需求为导向；内容以建筑和规划专业为主，体现建筑的艺术风格。方案设计的创造性很强，对后续设计起指导作用。扩初设计的特点是技术计算，为了实现建筑师的构想，结构、给排水、暖通、强弱电等各专业工种都要进行技术计算，并做出较详细的设计，其难点之一是各专业工种要进行技术协调，解决建筑与结构、建筑与设备、结构与设备等之间的矛盾，这一阶段成果的标志应该是各专业技术路线得到确定，并实现系统内外的统一。扩初设计应该是设计的关键阶段，应重视业主的要求，不能等到后续施工图设计出来后再有较大变更。施工图设计的特点是操作性，是细部详图和节点大样图，注重可实施性和可施工性。施工图设计的重点往往是要处理设计与施工的协调，设计要有足够的深度，要配合施工全过程，能及时解决现场问题。

（二）建筑工程项目计划／设计阶段集成管理

建筑工程项目计划/设计阶段的主要工作是把对建筑物的要求用图纸的形式表达出来。在此，明确项目利益相关方对建筑物的要求至关重要。对于业主来说，只有明确了最终用户的需求，才能对其投资的项目有的放矢，让项目发挥最大的经济效益，尽早收回投资，获得最大的收益。对于设计单位来说，只有明确了业主以及项目最终用户的需求，才能设计出令各方满意的设计方案，同时，还应注重设计的可实施性和可施工性。在建筑工程项目计划/设计阶段，设计方应该考虑项目利益相关者的需求，而非仅仅是业主的需求，但业主的需求所占权重最大。在设计过程中，设计方要满足业主方不断变化的需求；设计出图计划要与施工计划、采购计划相协调；设计还要配合施工，修改细化直到满足施工要求为止。

三、建筑工程项目施工阶段集成管理

（一）建筑工程项目施工阶段的工作内容

建筑工程项目施工阶段的主要任务是将建设蓝图变成工程实体，实现项目业主的投资决策目标，一般分为建设准备和施工建造两个阶段。

在获得设计文件和工程规划许可证后，业主便可以为项目开工建设做好各项准备工作。建设准备的主要工作包括：征地、拆迁和场地平整；完成施工用水、电路等工程；组织施工招标，择优选择施工单位；组织设备、材料订货；办理工程开工等相关手续；委托监理单位等。在接到批准的开工报告及领到施工许可证后，施工单位便可以进行项目的施工建设。为保证施工顺利，施工单位必须编制项目施工组织设计，优化配置施工项目生产力诸要素，并在项目开工后，按施工工艺要求开展施工作业，加强施工项目实施过程中的进度、费用、质量的控制和管理，做好工程记录和文档管理，如实反映施工项目质量、成本的形成过程和实际进度以及施工过程中出现的各种影响项目进度、费用、质量变化的干扰因素等，保证项目目标的实现。工程项目建成后，施工单位便可编写工程验收报告，项目进入结束阶段。在施工阶段，业主方、施工方、监理方等相关参与方的工作主要是围绕着项目三大管理目标——进度、质量和费用开展项目管理。

（二）建筑工程项目施工阶段集成管理

建筑工程项目施工阶段管理的重点是围绕着费用、质量、进度逐步展开的，这三者彼此密切相关，其中任何一个要素的变动都可能会引起其他要素的耦合波动，并直接或间接地对项目目标产生影响。因此，在整个项目实施过程中，三大目标之间的综合协调非常关键。而由于目前项目管理中三大目标的管理分离，造成了信息不畅或信息扭曲，使得三者不能形成整合力，难以对项目总体目标进行综合协调。因此，建筑工程项目施工阶段的集成管理是从全局观点出发，以项目整体利益最大化作为总目标，以项目进度、费用、质量三大目标管理的协调与整合为主要内容开展的一种综合性管理活动。在此，集成的核心是突出一体化的整合思想，它追求的不是项目单个目标的最优，而是要在项目三大目标同时优化的基础上，寻求管理目标之间的协调和平衡。

四、建筑工程项目技术集成管理

（一）技术

“技术”从不同的视角去考察，其概念有不同的陈述。在本质上，可以认为它是人在求生存和发展中与客体（自然界、社会和人类自身）之间的关系；从社会学的观点，可以认为它是一种特殊的社会现象；从实践活动看，可以认为它是经验的科学概括、可操作的知识。在普遍意义上，技术是在一定的自然和社会环境中，用于实现输入集和目标集之间有向转换的可操作程序。其中，程序是指按时间先后的一系列有序工作指令；可操作是指每一指令都是确定的和可实现的，并经有限指令后转换完成。实际上，技术是关于输入、转换、输出的知识。

（二）技术集成

对于“技术集成”的研究始于20世纪90年代，代表人物为美国哈佛商学院的Marco Lansiti教授。对于“技术集成”的概念，国内外学者从不同角度对其进行了界定。

Lansiti认为：技术集成是由知识构建活动的集合构成，通过知识构建活动，提出新技术并对其进行评价和优化，从而为产品的开发提供基础。同时Lansiti和研究学者West还认为：技术集成是企业在新产品开发、制造流程或服务过程中用以选择和提炼所使用技术的方法，是技术开发过程中居于研究阶段和开发阶段之间的一个独立阶段。

傅家骥等研究学者认为：面向批量化生产的技术整合是将多门类知识及多门类技术等有关商业理念有效地整合在一起，形成有效的“产品制造方案、制造流程、管理方案、商业模式”，最终可以进行批量化产销的系统过程。

余志良等研究学者认为：技术集成是通过系统集成方法评估、选择适宜新技术，并将其与现有技术有机融合，推出新产品和新工艺的创新方法。

魏江等研究学者对技术集成给出的定义是，技术集成是基于特定的外部市场环境，为实现企业的产品和工艺创新，对来自企业内外部的各类技术资源进行甄选、转移、重构的一个动态循环过程。

技术集成概念随时间不断演进，后来的众多学者提出的各种“技术集成”概念均是按Lansiti的思路而发展的，技术集成被认为是技术创新活动的一种形式，是企业解决创新问题的一种有效途径。

（三）建筑工程项目技术集成管理

建筑工程项目的技术集成管理是根据项目的要求和自身的技术基础以及其他资源条件，通过系统集成的方法评估，选择适宜的新技术，将新技术与现有技术有机地融合应用于工程项目实施过程中，并将项目实施过程中积累的技术资源进行整理与规范化，使其得以继承和重用的过程。

建筑工程项目技术集成管理的目的在于把不同领域的知识，属于不同背景的人的经验、智慧和才能以及属于不同组织的资源、信息有机地结合起来，优势互补，综合集成，打破空间和层次界限，开放式地解决工程项目实施过程中出现的各种问题。通过建筑工程项目技术集成管理，将先进技术融入建筑工程项目的建设中，从而不断提高项目参与各方的工程技术水平和项目管理水平。

五、建筑工程项目全过程集成管理特点

前面对建筑工程项目四个阶段的集成管理分别进行了分析，从项目的全过程看，这四个阶段是逐次递进且紧密相关的，它们之间有着不可分割的联系。业主，作为项目全过程的参与者和管理者，需要对项目进行全局性的目标管理与综合协调。因此，建筑工程项目全过程集成管理就是业主方（或代理机构）根据集成管理的思想对建筑工程项目全过程进行计划、组织、协调、控制，以实现建筑工程项目全过程的动态管理和项目目标的综合协调与优化的过程。建筑工程项目全过程集成管理具有以下几个方面的特点：

（一）阶段性

一个建筑工程项目从最初概念的形成到工程实体的建成，要经过决策、计划与设计、施工、结束四个阶段。建筑工程项目是在决策阶段策划并决定，在计划与设计阶段形成，在施工阶段实现，在结束阶段交付使用的。因此，业主方对建筑工程项目全过程的集成管理既要对这四个阶段进行有效的动态管理，即在项目的全过程中，不断进行资源的配置和协调，不断地做出科学决策，又要对项目的阶段性目标与全过程目标、各阶段参与方的利益与自身利益做好综合协调工作，使项目实施的全过程处于最佳的运行状态，产生最佳的效果。

（二）递推性

建筑工程项目的全过程一般是由决策、计划与设计、施工、结束四个阶段组成，每个阶段又可分为若干个子阶段，并且前后阶段是互相接续的，一般情况下，项目前一阶段未完成以前不能够开展项目后续阶段的工作。因为项目的后续阶段要以前一阶段的产出物和工作作为基础和前提，任何跨越不同阶段的各种问题和失误都会直接转入下一个阶段，造成项目失误或问题的扩散，导致项目管理

的混乱和项目损失的无谓扩大。

项目建议书是对拟建项目的轮廓设想，在获得批准后，方可进行可行性研究；可行性研究是根据项目建议书中的设想对拟建项目在技术、经济上是否可行进行科学分析和论证，并通过多方案比较，优选最佳方案；设计任务书又是根据批准的可行性研究报告而编制的；工程设计是根据设计任务书而开展的；而设计文件是工程施工建设的指导性文件。

（三）递阶性

具有上、下层次关系的结构称为递阶，在建筑工程项目中，业主与各阶段的参与方之间具有递阶性。建筑工程项目除业主方以外，在决策、设计、施工和竣工验收过程中有众多的参与者或利益相关者，尽管他们为了自身的利益都希望项目成功，但并非所有的参与者或利益相关者都对项目成功的具体含义有着一致的认识和预期。例如，项目业主通常希望工程质量好、工期短，并且能尽可能少花费投资，而设计方往往根据业主方支付设计费用的情况决定自己在该项目设计中的投入，施工方则比较重视合同条件的公正性，并且希望工程施工能优质优价等。因此，工程项目要想取得成功，必须对业主方和各参与方的目标进行整合，整合的前提是参与项目的各方都应当首先关注业主的利益，因为说到底毕竟是业主投资并掌握项目大局，如果业主利益得不到保障或不能实现投资目标，项目就不可能成立并加以实施。因此，业主可以视为上层决策者，负责建筑工程项目整体计划、协调、调度和控制，并协调与各参与方的利益关系，而各阶段参与方作为下层决策者，具有相对自主权，在业主给定的限制条件下，做出对自身最有利的决策。当然，业主方的利益应是项目整体的利益，其中也应包含设计方、施工方等项目参与方的利益。项目不可能在危害参与方利益的情况下取得成功或圆满成功。

第三节　建筑工程项目信息化集成管理技术

一、信息化理论

（一）信息化的含义

信息化这一概念最初起源于日本，随后被一些学者引入西方，并得以发展和推广。我国有关信息化的研究起步相对较晚，对于这一概念的表述一直众说纷纭，并未得出一个统一的说法。许多学者对此进行研究，一部分学者认为信息化归根结底是通信以及网络技术现代化的一种实现。另一部分学者认为信息化是社会生产关系转变的必然结果，信息产业取代物质产业所占的主导地位。也有相当一部分人认为，所谓信息化，就是信息概念在工业社会渗透立足，并逐步推动它向着信息社会演变的一个发展过程。从大的方面讲，实现信息化就要构筑和完善六个要素（开发利用信息资源，建设国家信息网络，推进信息技术应用，发展信息技术和产业，培育信息化人才，制定和完善信息化政策）的国家信息化体系。具体到企业或项目，要真正落实和实现信息化，需要解决的主要问题就是建立合适的有针对性的信息化系统，最大限度地利用和开发信息资源，推进信息技术的应用。

（二）信息化与建筑工程项目管理

建筑业由于自身独有的特性，其发展速度与其他行业相比一直处于明显的劣势。究其原因，很大程度上取决于建筑业信息技术的应用水平太低，缺乏有效的沟通。建筑工程项目管理信息化的适时出现，为建筑业跨越差距提供了前所未有的机遇。

将计算机技术、网络技术和信息化技术和建筑施工项目管理相结合，为项目管理集成化方法的应用提供了有效推进的渠道。同时，只有实现工程技术与管理的信息化，才能使项目管理的集成方法在大型复杂项目中得到准确高效的应用。不仅如此，我国对建筑企业信息化十分重视，颁布了相应企业信息化标准。在促进了建筑企业信息化工作的同时，也说明了应用信息技术，实现施工项目工期、质量、成本、安全的集成化信息管理，实现企业与施工项目管理的信息化和标准化，已在世界范围内成为广大建筑企业提升工程管理水平、预防和抵御工程风险、促进科技创新和提高企业市场竞争力的重要手段。

（三）建筑工程信息管理的主要内容

项目建设过程中项目组织者因进行沟通而产生大量的信息。项目中的信息种类很多，有项目基本状况的信息、现场实际工程信息、各种指令、决策方面的信息，还有外部进入项目的环境信息等。建筑工程项目中主要有两个信息交换过程：

1.项目与外界的信息交换

项目本身就是一个开放系统，与外界系统会产生大量的信息交换，包括由外界输入的信息，如条件的改变、环境影响、干扰的产生等。

2.项目内部的信息交换

项目内部各管理因素之间亦存在信息的交换。

工程项目在上述两种信息交换实施过程中会不断地产生大量信息。项目管理者确定项目目标、做施工决策、编制施工计划、组织资源供应，协调各项目参加者的工作，控制项目的实施过程都靠信息来实施。一旦这些信息交换、沟通不畅，就会严重影响项目的顺利实施。由此看出，建筑工程项目的管理过程不仅仅是物质的管理过程，还包括一项必不可缺的过程，即项目信息管理。

建筑工程信息管理贯穿项目的整个建设过程，主要内容包括：

（1）信息的收集

工程项目在整个建设过程中产生了大量信息，对工程信息进行管理的第一步就是信息的收集。

（2）信息的加工和处理

信息的加工和处理是将对与建设项目相关的信息进行选择、核对、归类、鉴别、汇总等，并在此基础上生成不同形式的信息数据。

（3）信息的存储

信息存储是将获得的或加工后的工程项目信息数据保存起来，以备项目实施过程中的后期使用。信息的存储亦非常关键，它不是一个孤立的环节，而是始终贯穿于信息处理工作的全过程。

（4）信息的维护和使用

工程项目的复杂性、开放性导致了项目信息的多样化和不确定性。信息的维护和完善始终伴随着建筑工程项目的推进而存在，也是必不可少的。

（四）工程项目信息化集成管理概念的产生

由于工程项目本身所独有的特性和规律，加上项目管理贯穿于建筑施工的整个寿命周期，良好的项目管理系统模式对施工项目的目标实现和任务完成起着至关重要的作用。项目管理的内容广泛，各管理部分相对零散独立。因此，传统的项目管理模式缺乏系统性，不能充分考虑项目整个生命周期的各种需要和限制，容易造成因为工作链中某个因素的变更，使得项目目标系统缺乏可行性。同时单一管理不仅耗时、缺乏效率，而且一旦各部门之间衔接不畅，就会影响整个项目目标的实现。

通过集成化理论和信息化理论的研究可以看出，面对建筑施工项目越来越大型化、灵活化、复杂化的发展现状，将集成思想及系统论等管理理论和高速发展的信息技术结合，对传统的项目管理模式进行革新是医治工程项目管理种种弊病的良方。采用科学合理的信息化技术集成思想和信息化理论完美地应用于现代化工程项目管理的实践中，实现一种综合、全面、灵活性更强的项目管理形式，又可以称为利用信息化手段，采用流程管理的方式实现项目管理的集成化。

二、建筑工程项目信息化集成管理技术

（一）建筑工程项目信息化集成管理的目标

工程项目信息化集成管理是一种全新的管理思想，其核心理念是从项目的全局角度考虑，以信息化手段和集成管理思想，使得工程项目的管理过程更加智能化和高效快捷。工程项目管理信息化集成模式的研究出发点及目标体现在以下几个方面：

提出工程项目管理信息化解决方案，实现工程技术、施工经验、资源和工程文件等信息化处理；结合计算机网络技术减少决策失误、预见风险和控制风险因素；全面快速地分析和科学调控各种资源，实现进度、成本、质量多目标、多要素集成管理；通过信息化知识组织和平台，快速选择和确定施工方案、进度计划、各种资源计划，进行施工工艺决策；以工序为基本组织节点进行集成控制，同时实现工程信息资源的实时监控与动态管理。

（二）构建信息化集成管理系统的基本思路

要完成信息化集成管理的目标，首要任务是采用科学的信息化手段和合理的集成方案构建信息化集成管理系统。实现信息化集成管理的基本思路。总结如下：

利用工作分解结构，按照一定的规则将整个项目分解成可管理的工作包，以施工作业和管理作业为项目管理的基础对象，并通过综合进度计划将项目管理的各项内容有机地串联在一起；采用合适的信息分类体系，确保工程信息的标准化和规范化；选择合适的数据库技术，建立分布式数据库系统，将信息资源集成为不同类别的知识库，以服务于工程项目的各项管理工作；将集成化理论作为集成管理的指导思想，研究信息化集成管理模式，以期实现工程项目管理的横向和纵向多方面、多维度集成；采用先进的工作流程驱动模型与监控引擎，对集成管理执行内容进行定义、创建、调用、管理和动态监控，将项目管理人、信息和计算机应用工具结合在一起；以工程实例为依托，利用先进的网络技术和计算机编程技术，开发面向用户的信息集成系统支撑平台。

（三）工程项目管理信息化技术路线与实现手段

1.工程项目的结构分解WBS

工程项目结构分解是将整个项目分解成可控制的活动，以保证项目管理过程顺利进行。它是项目管理的基础工作，无论是以何种形式进行项目管理，WBS都是最重要的内容之一。WBS的分解方式一般有三种：按产品的物理结构分解；按产品或项目的功能分解；按照实施过程分解。

对于一个建筑工程项WBS分解，建设项目管理工作的流程设计主要考虑以下三个设计思路：按照项目管理的基本过程划分为项目启动、计划与决策、实施与控制、项目结束等流程；按照管理职能划分为进度管理、成本管理、质量管理、安全管理、合同管理、档案管理等流程；按照项目的实施过程划分为项目前期、施工准备阶段、施工阶段、项目实施阶段、竣工维修阶段等流程。

在进行项目结构分解时，确保同一个项目中WBS编码统一、规范和使用方法明确，是项目管理系统集成的前提条件。并且结构分解是进行目标分解和建立项目组织和实施进度、成本、质量控制的基础。

通过目标分解使得项目形象透明、集成管理的内容和目标明确，是实施进度、成本、质量、安全控制的基础。结构分解的核心路线是以施工作业和管理作业为项目管理的基础对象，通过综合进度计划将项目管理的各项内容有机地串联在一起。

2.信息化项目编码

工程项目在实施的过程中通过前文讲到的两种交换过程不断地产生大量信息，这些信息分为两大类：建设项目管理活动中产生的信息和其他信息（外部信息）。外部信息包括外部环境信息或者条件改变信息。项目管理活动中产生的信息种类繁多，如项目基本状况信息、材料设备信息、工期信息、成本信息、质量信息。表现形式也多样化，如设计文件、合同、进度计划、各种报告和报表等。

实现工程项目管理的信息化是一个综合过程，除了要有计算机、网络等软硬件设施之外，另一个关键是对信息的收集、加工处理、存储和综合应用的过程。而实现信息化的最基础环节是对上述繁杂的工程信息进行系统化、标准化和规范化，使之能为计算机识别和操作，并可供多项目、多参与方、多要素之间进行信息交流的一致语言。在信息化实践过程中，编码起着桥梁与纽带的作用，常用的编码形式有四种：顺序码、分类码、结构码、组合码。

3.标准化信息分类体系

标准化信息分类体系是对要进行集成管理的作业和任务进行标准化分类组织，并进行规范化编码后形成的体系。工程项目管理信息化的实质就是信息技术的利用，而信息技术的充分发挥依赖于人对信息的组织。计算机不能直接对离散的、杂乱的信息进行处理，因此必须建立合适的、有针对性的信息分类体系。所建立信息分类体系的分类原则为：母项的外延等于划分出来的各个子项之和；各子项的外延互相排斥；整个划分过程遵循同一标准；划分完成的对象在分类体系中仅有一个位置。

4.数据库技术

数据库（Data Base，简称为DB），是各种来源不同的数据集合的统称。数据库技术是研究数据库的存储、结构、设计、管理和使用的一门软件学科，是在操作系统的文件系统基础上发展起来的。数据库系统（Data Base System，简称为DBS）是采用了数据库技术的计算机系统。数据库系统在充分地使用计算机技术和网络技术的基础上，实现系统地、有组织地、动态地存储大量关联数据，方便了多用户对计算机软件、硬件和数据资源进行访问。数据库管理系统（Data Base Management System，简称为DBMS）是位于用户与操作系统之间的一层数据管理软件。数据库管理系统主要功能包括DB的建立、查询、更新及各种数据控制。

集成信息化的最终实现形式是利用数据库，统一管理的相关数据的集合这一本质，建立强大的信息化数据库系统，完成集成管理。这种数据库系统在充分使用计算机技术和网络技术的基础上，实现系统地、有组织地、动态地存储大量工程项目的关联数据。数据库管理系统除了基本的存储功能之外，还要求能够接受新的数据信息，并且自动进行重组和处理，形成用户需要的实时信息数据资源。同时，为了满足不同用户的不同需要，数据库系统还需要将不同信息资源进行分类管理。不同管理层按照不同的标准和权限获取自己的数据信息，并对所在领域的数据库进行维护。

基于信息化、规范化和标准化信息体系而建立起来的数据库管理系统，主要设计理念是：以流程驱动引擎、结构化知识库、优化决策算法库为核心，由流程驱动引擎，依照项目计划中的时间要求驱动相关资源等信息的传递查询与显示。以施工工作内容为事件，将工艺、工法等分解为工序，由不同的工序组合构造出不同的施工工艺片段，通过配置相应的资源费用等参数，将工艺片段直接插入计划，参与整个计划的计算和分析。其中，数据库系统的优化算法库提供费用、工期、资源均衡等方面的优化支持。同时，系统提供网络化协同工作支持，多个用户可以在同一个系统中工作，保证了效率和数据信息的一致性。基于数据库技术集成管理，可用于施工工艺决策和管理施工方案的选择。

（四）建筑工程施工项目信息化流程管理与系统集成模式研究

1.建筑工程项目集成管理的实现途径

集成追求的是优势互补，要求各集成单项能实现优化组合，形成和谐有序的运行结构，从而使得集成总效益大于集成前分效益之算术和。这就是集成效应。建筑工程项目管理的“最优化”效应最终体现在管理活动的经济效果上。

建筑工程项目从产生开始经历了项目的决策、设计、施工和运营多个阶段。各个阶段之间的管理过程并不是截然不同的活动，比如，前一阶段的信息输出结果会成为后一阶段的信息输入。要完成一个阶段之间信息的输入和输出连续性以及管理活动的连贯性，过程集成管理是关键。与此同时，从另一个管理层面讲，建筑工程项目是多目标管理活动。

外部集成体现在多组织参与完成，内部集成体现在多目标要素的协调统一。我们可以将项目管理的集成化维度归纳为三个方向，过程集成、参与方集成、多要素集成。建筑工程项目的过程是一个知识汇集的过程，在这个过程中，人们不断地获取和创造知识，然后进行运用，实现知识循环。为实现项目管理过程中知识的获取、传递和使用、交流和创新，集成管理就必须引进知识集成理念。知识集成贯穿在整个工程项目管理集成化实现过程中。

2.建筑工程项目信息化集成管理模式的提出

研究建筑工程项目集成管理的根本意义在于通过项目组织机构对信息进行控制，保证项目信息流的正确性；通过多维度的集成系统对项目组织结构中的各子项进行协调，保证项目的实施效率和最终效益。建筑工程项目信息化集成管理模式是一种基于信息技术和信息化手段，以集成原理为主要思想路线，全面考虑工程建设从决策阶段到投入使用的全过程。各阶段中与项目有关的各种要素包括各参与方之间的动态关系和要求综合而成的一种管理模式。

建筑施工项目集成管理信息系统的运作结构，从整体看主要包括四个基本要点。即信息化技术和采用手段、参与方集成管理、过程集成管理、要素集成管理。整体结构体现了项目管理的内容和实质，参与方集成管理为管理主体，多要素集成管理为管理要素，过程集成管理为管理过程，信息集成为管理平台。项目信息化集成管理模式的含义：

信息化平台是集成管理的技术支撑，管理集成及信息化的核心技术是利用信息化手段，采用流程管理和事件的方式实现项目管理的集成化。信息化是手段，集成是目的。

充分利用信息化手段以知识集成为理念，通过施工工作链将管理主体、管理过程、管理要素联系起来，实现项目管理的集成化设计。

过程集成管理将项目的整个生命周期，即项目前期规划与决策、项目设计、工程施工、竣工保修、物业运营、项目后评价，经过信息化处理建立起来的虚拟化组织模式和集成化的项目管理系统串联成一个整体。

要素集成管理旨在解决以项目管理目标为线索的施工项目技术、成本、质量、安全等多要素集成化管理。其中包括因条件限制或环境改变引起的动态管理。

参与方集成管理以项目各参与方的协调和统一，避免出现局部优化的现象为目标，通过集成信息系统增大相互沟通和交流，最终实现“合作”“共赢”。

3.建筑工程项目管理知识集成

建筑工程项目环境下的知识集成的实质是，在分析管理流程的基础上研究知识的流动，提炼知识，然后进行运用，最后实现知识循环。项目管理中的知识集成目标是：在管理过程中最大限度地获取、积累、传递和使用、交流和共享利用知识，使得项目管理人员可以知识传递和使用互相交换优质知识信息，高效地完成项目管理任务。

建筑工程项目管理知识集成主要过程包括知识的获取、知识的积累、知识的交流和共享、知识的传递和使用。对知识的获取和积累又包含显性知识的采集，如与项目相关的文件、电子文档等；隐形资料，如工程技术、经验等。对这些知识进行采集、分析和提炼，以知识库的形式进行存储，实现高效和准确的知识交流和共享，以及知识传递和使用。

4.建筑工程项目过程集成管理

过程集成的方法论是综合集成方法，过程集成管理将管理手段与计算机网络技术、数学算法、系统科学等多种理论和相关成果结合起来。综合集成的实质就是尽量考虑各种因素，综合各种经验和知识，研究复杂系统。而过程集成的实质是从过程的角度，综合考虑上下游各个阶段的工作，以达到整个过程的最优或满意。

建设过程集成即工程项目生命期各阶段的集成，指项目前期规划与决策、项目设计、工程施工、竣工保修、物业运营、项目后评价各阶段。在项目的具体实施过程中，又伴随着项目计划、组织、协调和控制等一系列项目管理过程。过程集成管理将项目的整个生命周期，即项目前期规划与决策、项目设计、工程施工、竣工保修、物业运营、项目后评价各阶段，通过经过信息化处理建立起来的虚拟化组织环境和集成化的项目管理系统串联成一个整体。

5.建筑工程项目参与方集成管理

工程项目管理中的参与方主要包括业主方、设计方、施工方、设备材料供应商、其他外部单位等。项目各参与方之间要想做到协调统一，同时达到降低成本、加快进度、保证质量、控制风险、多方共赢的项目目标，合适的沟通渠道必不可少。现代信息技术的飞速发展和建筑施工项目的大型复杂化越发呈现出传统的参与方管理模式诸多弊端。

参与方集成管理的虚拟环境以计算机和网络技术为支撑，以集成思想指导理论，对项目的全过程中各个参与方产生的信息和知识进行集成，形成的组织系统环境。在参与方集成管理提供的综合虚拟环境下，项目的各参与者可以灵活对与之对应的管理活动信息进行处理，通过建立平台的权限设置，完成各自权限范围内的集成管理过程。参与方集成管理在项目的各参与方之间建立了信息共享、交换和协同工作的纽带。通过信息化集成管理平台，减少项目实施过程中各参与方之间交流过程中的障碍和信息的交叉重复，避免因信息交换过于烦琐而出现的信息遗漏或衔接不畅。

6.建筑工程项目多要素集成管理

从某种程度来说，要素集成和过程集成是一体化的，过程集成管理是从时间的角度考虑，而多要素集成管理是从管理目标的角度考虑。建筑施工项目过程控制的作用在于收集、处理和传递与投资、进度以及质量等有关的信息，监督项目计划的执行，为决策者提供有价值的参考资料。项目要素的集成由一个个小的控制过程组成。工程项目管理同时具有功能（质量）、工期（进度）、成本（投资）、合同管理、风险管理等多个相互影响、制约的管理目标。管理信息集成是在项目全生命周期中对这些目标和管理职能进行整体全面的规划和考虑，以达到对项目全局优化的目的。

项目的多要素集成管理是整个集成管理模式中最为重要的一项综合性和全局性的管理工作。在一个项目的实施过程中，各个要素的进程情况或变更都直接或间接地影响到其他几个要素，同时每一个单个的要素都与项目的成功与否紧密关联。这种多要素相互关联和影响的特性，决定了项目管理多要素集成管理实施的必要性。项目的多要素集成管理的实质是对项目管理的所有目标进行全方位的协调统一，对影响目标实现的管理要素进行管理和控制。

基本项目管理目标管理过程一般包括五个。即启动过程、计划过程、执行过程、控制过程和结束过程。多要素集成管理将这五大管理要点有机地结合成一个整体。通过信息化管理平台，建立了以全盘最优为目标思想的项目管理模式。

项目多要素的集成中较为关键的三个过程是计划、执行、控制，基本程序分别为：

计划：确定项目要素的计划值，投入资源；经过集成化理论建立的管理平台，充分利用信息化技术，建立全面的、标准化的数据库和资源库，使得项目计划实施起来更为简便快捷。

执行：比较项目要素实际值和计划值，确定是否偏离；收集工程执行成果并分类、归纳，形成与计划目标相对应的目标值，进行比较；对比较结果进行分析，确定是否偏离；如果偏差在允许的计划范围内，则按计划继续实施；假设发生不可忽视的严重偏差，可以通过集成化管理平台进行动态调整。

控制：分析原因，采取控制措施。找出发生偏差的影响因素，利用控制体系改变相应的进度计划、费用计划、资源计划等，最终拿出切实可行的方案。

第四章　建筑工程项目的风险管理与质量管理控制

第一节　建筑工程项目风险管理

一、风险的概述

（一）风险的定义

风险是指不期望发生事件的客观不确定性，是一种比较具有代表性的定义方式。从人类认知学的角度出发，风险的损害是否发生，或者是损害的程度的大小决于客观存在和主观认识两者之间的差异大小，差异越大则风险越大。如果用强调这种差异性进行风险定义，则风险是指在特定时期内和特定条件下，实际的结果与预期的结果之间差异性的大小。当然，也有学者认为，风险就是事件或者活动不乐观的、不期望看到的后果真实发生的潜在的概率大小。从项目目标实现的情况出发，有些专门从事项目风险管理相关工作的专家和学者给项目的风险一个这样的定义：项目风险是指可能会对项目目标顺利实现造成不利影响的因素的集合。

（二）风险的类型

工程项目参与者众多、投资巨大、周期长、涉及范围广，各种各样的风险存在于整个建设过程，以其中的参与者之一业主为例，设计上的错误、承包商的施工组织失误、监理的失职等都是业主面对的潜在风险。为了便于研究，我们可以将风险归结为不同的类型。工程项目风险分类时常用的分类依据有产生风险的原因、风险引起的结果、风险发生的概率、项目风险预警信息以及项目风险关联程度等。

1.以产生风险的原因性质为分类标准，可以将风险分为：

（1）政治风险

政治风险指工程项目所在地的政治环境及其变化可能带来的风险，就好比一个工程项目在中东地区、一个工程项目在非洲地区、一个项目在国内，三个项目就政治背景而言有着巨大区别。相对稳定的政治环境，是建筑工程项目顺利实现的有利因素，与之相对的，动荡的政治局势必是工程项目的潜在风险。

（2）经济风险

经济风险常指由于国家或者社会的一些较大的经济因素的变化对工程项目所带来的风险，例如，不管是需求拉动型、成本推动型还是结构性通货膨胀，都不可避免地会造成物价的上涨，尤其像结构性通货膨胀往往造成诸如建筑材料这样的物品价格大幅上扬，必将造成建筑工程项目资金投入的增加。又如项目所在的国家或地区的税收政策的改变而引起的额外增加的费用，都是经济风险的类型。

（3）自然风险

自然风险常指自然因素所带来的各种风险，例如，项目遭遇地震、泥石流、洪水、飓风等一些低概率的自然灾害。

（4）技术风险

技术风险常指由于技术水平不足或技术条件的不确定性而带来的风险，比如主体结构沉降观测过程中所用到的仪器精度不足，或是易受环境因素的影响而造成结果的误差较大，从而不能合理有效地对结构的沉降进行分析和评估而带来的风险，又好比在进行场地的地质条件勘察时，由于勘察点的布置是有限的，最终的结果就只是以局部概括整体，我们知道，地下条件本来就是不可见且不可预知的，所以这种资料的不完整性也必定会带来一些未知的风险。

（5）商务风险

商务风险在这里主要是指工程项目合同中与经济相关的条款中暗含的风险，例如像风险分配、工程变更、违约责任及索赔等相应的条款，由于条款本身可能存在缺陷或是撰写条款者为了在发生不利变化时开脱自身责任而故意设置的一些条款等，都是可能会给当事方带来一定损失的风险因素。

（6）信用风险

信用风险常指合同中的一方由于自身诸如管理能力、业务能力或财务能力等的不足，或者即使有能力，但是却并没有按照合同中的要求圆满地履行自身责任和义务，而给合同的另一方所带来的风险。如合同中甲方要求乙方在某一项目中修建一条一定宽度的水泥路，但是由于乙方的现场管理混乱而造成施工质量缺陷，或者乙方为了增加自身利润而偷工减料造成的水泥路质量缺陷，这些都会造成甲方的损失。

（7）其他风险

工程项目的风险除了上述的各种外还有很多，比如项目当地的民众对待工程项目的态度，是支持或是反对，工程项目所在地的材料生产及运输条件等都是工程项目可能面临的风险因素。

2.按照风险的承担主体可以将项目的风险分为：

（1）业主风险

一旦这类风险事件发生，承担相应损失的主体是业主，即投资方，而与项目的其他参与方无直接的责任关系。比如项目在建设过程中遭遇不可抗拒的自然灾害，或者是遭遇当地的政局动荡的影响等，这些风险所带来的损失一般由投资方直接承担。

（2）承包商风险

这类风险事件的承担主体是承包商，比如承包商的技术实力不足、管理水平有限，在和业主签订合同时隐瞒自身的不足而致使项目没有按照合同的规定圆满完成，这类责任是由承包商自行承担的。当然，承包商的风险有很多，不仅仅只是上面所说的，例如，承包商违法分包、偷工减料、自身失误等造成的损失都应该由其本身承担。

3.按风险事件发生造成了损失还是获得了利益，可以将风险分为：

（1）纯粹风险

所谓的纯粹风险是指只能带来损失而没有获利的风险，这种风险是涉事者所不愿意看到的，但是又是无法完全规避的。比如项目遭遇火灾、雪灾、战争等，这类风险事件一旦发生，必定会带来损失，而不可能带来利益的。

（2）投机风险

没有绝对的事物，风险也是如此，并不是所有的风险只带来损失而不带来利益。投机风险与纯粹风险相对应，指那些发生后可能不利也有可能是有利的风险。比如承包商冒险囤积某种建筑材料，后期一旦材料价格下降，则承包商不可避免地会遭受一部分损失，如果后期这种材料的价格上涨，相当于承包商可以多获得一部分利益，故而对承包商而言，囤积这种材料的风险就是一种投机风险。

（三）风险的特征

在工程项目的整个生命周期内伴随着各种各样风险，了解风险的特征有助于我们主动把控，对于我们研究工程项目的风险也具有非常重要的意义。工程项目风险的特征有很多，从主要的方面讲，我们可以重点说明其中的几点：

1.普遍性和客观性

风险的存在是普遍的，对一个工程项目而言，不管是其局部还是整体，不管是对业主还是承包商，不管是建设过程中还是后期使用中，风险都是时刻伴随着，广泛而普遍地存在着，并且是各式各样的。风险的存在是客观事实，不以人的意志为转移。正是由于这种客观性的存在，人们很难完全规避风险，我们只能从一定程度上降低风险发生的可能性或者尽可能地减少风险事件发生后带来的损失，欲从根本上消除风险，在目前来说基本上是不可能实现的。

2.不确定性

这是风险的一个非常重要的特征，主要体现在风险是否发生、什么时候发生、在什么情况下发生以及风险发生后所产生的损失状况怎样等的不确定性。风险的这种不确定性给我们平时对风险的分析及研究带来了很大的困难，不确定因素越多，我们所需要考虑的方面越多，工作量越大，信息也越难以把控。但是我们需要注意的是，有时也可以通过大量的数据积累与统计分析在一定程度上宏观反映风险的一些性质。

3.相对性

风险的相对性是从辩证的角度看待风险的一个体现，在建筑工程项目中风险的相对性大致体现以下两个方面。

（1）风险承担主体的相对性

风险一旦抛开风险事件的承担主体，其研究意义就大打折扣，风险与其主体是紧密联系在一起的。所谓的风险承担主体相对性，是指有的时候对同样的一件风险事件而言，其造成的影响对不同的主体可能就有很悬殊的区别。比如某市政府投资的一市政高架桥，如果由于施工过程质量出现严重缺陷而需要部分拆去重建时，那么市政府和承包商这两个主体都必将遭受较大的损失，而相应建材的材料供应商就可以从这次风险事件中获得更多的利益。

（2）风险大小的相对性

对同一主体而言，同一风险对主体造成的影响有大有小，这种大小有客观的事实也有主体主观上的感受。这种情况的发生与以下几个因素相关：

①项目投入的大小。工程项目的投入越大，人们愿意承担的风险也就越小，即便是客观上可能遭受的风险越多，此时人们更希望的是项目能够成功，因为具有较大投入的项目发生任何失误都可能带来较大的损失，这是事件主体所不愿意看到的，此时人们希望在成功的基础上求稳。当工程项目的投资比较小的时候，人们往往为了能够获得更多的利益而愿意冒较大的风险，即使是失败，所造成的损失也是他们愿意接受的，因为他们认为这种损失是他们可以承受的。由此可见，项目投入的多少可以直接影响人们对待风险的态度。

②项目收益的大小。当一个项目成功后所带来的收益较大时，人们往往愿意为此事承担较大的风险，相应的，如果一个项目的收益小，人们就会觉得没有必要为此承担较大的风险，认为所承担的风险与所获得的利益是在一定程度上呈对等关系的，这是利益对主观意愿影响的一种体现。

③拥有资源量的多少。一个主体拥有不同的资源越多，对于同样的一个风险而言，可能对其造成的影响也就越是微弱，自然其风险承受的能力也就越大。比如一个建材生产商，当其只是生产某种建材时，一旦遭遇市场低迷时，就可能对生产商造成致命的打击，但是如果该生产商除了生产该建材之外还生产其他的建材，那么即使该建材的市场受挫，也有可能用其他建材较好的市场进行弥补。当然，如果所有的建材市场都不景气，那么涉及越多的生产商所遭受的损失越是惨重，但是这种风险的概率又比只是某种建材的市场不景气的概率要小得多，这也就是为什么一些小企业相比大型企业更容易倒闭，是因为拥有较多资源可增强主体的风险承受能力。

（3）可变性

并非所有的风险都是一成不变的，有的风险可能随着事件的发展而发生变化。当引起风险的任何一个因素发生变化都意味着风险产生了变化。可以从下列的四个点加以说明：

风险性质的变化，比如投机风险演变成纯粹风险。例如，某个国家某地区的房地产开发商投资兴建了几个楼盘，想待市场较好时出售，那么建好的楼盘择机出售必然暗含有投机风险，不幸的是，不久后该地区发生了动乱，后演化为内战，那么开发商将楼盘留得越久损失必然也越大，故而这一风险又演变为纯粹风险。

风险后果的变化，随着风险因素的改变，风险事件发生后所带来的影响发生了变化。例如，某一建筑物开始只是一个普通的废弃教学楼，后经简单处理成为当地的一个福利院，那么建筑物发生破坏的这一风险，在前后来说，其造成的后果是截然不同的。

风险（因素）的消除，就是说随着事件的发展，某风险（因素）也随之消失。例如，某项目由于施工现场复杂、管理不足、防护不到位等原因都有可能造成工人触电事件的发生，施工方为了安全起见，将现场的用电电压全部转换为安全电压，如此一来触电风险自然就消除了。

新风险的产生，随着活动的继续和发展，又产生了之前没有的新的风险。比如某一建筑工程在施工过程中遇到了某一技术难题，按照常规的方法可能会消耗大量的人力和物力，此时决策者决定采用一种新的技术，那么自然新的风险也随之产生，如新技术是否合理有效，对新技术的使用是否符合预期等。

（4）阶段性

风险是具有阶段性的，我们常将风险归为下列三个阶段以加强理解：

潜在风险阶段，就是指风险正处于形成的过程，风险尚未发生的阶段。这一阶段风险是不会造成什么损失的，但是它的发展将是风险发生的前提条件，为后者埋下伏笔。例如，某地计划制定建筑业的一项新的法规，那么这一计划就是当地的建筑业都面临的潜在风险。

风险发生阶段，就是指风险事件已经发生，事件还处于进一步的发展阶段，整个风险事件所造成的后果还尚未形成。以上面的例子为例，就是该地方性法规筹划工作已经完成，当地相关部门正在制定其具体的内容，这即说明这一风险已经不再是计划，已经着手制定了，该风险已经发生，至于其具体的影响还要看法规制定完成后的具体条文是怎样的。

风险影响阶段，该阶段是指风险事件发生之后，已经造成了涉事主体的损失，影响已经产生。接着上面的例子来说就是该地方性法规制定完成并实施，比如里面有提高税收比率的条款，则涉事主体须缴纳较之前更多的税款。该阶段表明风险已经产生影响，虽然影响已不可挽回，但我们可以想办法去尽可能地将这种不利影响降至最低水平，有利影响提至最高水平。

二、风险管理概述

（一）风险管理概念

既然是风险，那么风险事件发生后极有可能带来各种各样的损失和不利后果，那么我们为了尽可能地将利益最大化，必然要对风险进行相应的应对和处理，那么这个主动的过程就衍生了风险管理这一概念。

风险管理就是指人们对各种潜在的意外损失进行辨识、评估，并根据具体的情况采取应对手段进行处理，也就是在主观上尽量做到未雨绸缪，有备无患，或者在客观上不可回避时努力寻求行之有效的补救措施，减少意外事件所带来的损失或者直接化解风险的一种行为，是人们能动性的一种表现。

建筑工程项目风险管理是将风险管理界定了行业范围，属于风险管理的子类，指建筑工程项目建设的各个参与方，如发包方、咨询单位、承包方、监理单位、勘察设计单位等在工程项目的筹划、勘察设计、施工及竣工后使用的各个阶段采取的辨识、评估以及控制处理工程项目风险的一种行为。

（二）风险管理的重要意义

对于任何一个建筑工程项目来说，风险管理都具有不可替代的现实意义，是工程项目管理中不可忽视的部分。现从几点进行分析：

1.工程项目风险管理关乎各参与方的生死存亡

由于建筑工程项目本身不管是人力、物力还是财力的投资都是非常大的，而且潜在的风险也非常多。如果参与者不重视对风险的管理工作，那么风险发生的概率可能就更大，而且产生的后果也可能更为严重。轻微一点可能使得项目的进度滞后，导致各方的支出增加，利润减少；严重一点可能使得项目很难继续下去，比如出现了重大的质量事故，可能造成巨大的损失。假如能够重视风险管理，有效开展风险管理工作，那么将有可能减小风险发生概率甚至是消除某些风险，即使有些风险的发生是不可避免的，也可以主动控制，将风险带来的损失降到最低。

2.工程项目风险管理直接关系项目参与者的经济效益

为了提高自身的经济效益，各参与者可以利用风险管理手段，更加合理地安排自己的资金和物资。例如，承包商将自己承接的项目分包给多个分包商，总承包商往往要预留足量的流动资金来应对由于分包商在施工过程中所追加的资金投入，如果总承包商与分包商在订立合同时，采用总价合同，那么总承包商就无须为此预留过多的流动资金，而这部分资金可以用来做其他的事情，作为新的利润的来源。

工程项目风险管理有利于工程项目建设的顺利进行，也有助于化解参与各方可能产生的各种矛盾与纠纷。将风险消除于萌芽阶段是风险管理中的最理想状态，当然，要想消除所有的风险也是绝对不可能的事情。不管怎样，主动管理风险，减少很多不必要的麻烦，为项目建设的顺利进行提供支持和一定保障。比如，施工方在施工现场配备了发电机，避免因停电造成的施工停顿。在工程项目中明确各方责任，明确风险的承担者，有助于解决风险事件发生后各方为了推卸责任而产生的纠纷。

3.工程项目风险管理有助于提升项目各方参与者的竞争力

风险管理概念在我国的起步较晚，某单位能够在管理工作中考虑到风险管理，是其软实力的一个表现，是其管理能力的一个具体体现。在选择合作的单位时，单位的管理水平也是参考的标准之一，有过硬的风险管理水平必将提升其自身的竞争力，为自己赢得更多的机会。

工程项目的风险管理是业主、承包商、勘察设计及监理等项目所涉及的单位都应该注意的一项工作，项目的任何参与者都有相应的潜在风险，为了项目的顺利完成也为了自身的利益，风险管理工作是参与者日常工作中重要组成，参与者应该积极主动对待。

（三）风险管理的目标与责任

明确风险管理的目标是给风险管理工作确定一个方向，指明一条道路，避免了工作的盲目性，提高工作效率。明确风险管理工作的责任，是风险管理工作者应该完成的主要工作内容之一。

1.风险管理的目标

可以将工程项目的风险管理工作目标简要地归为下列六点：使工程项目获得圆满成功；为项目的顺利进行提供保障，保证项目处于受控状态；创造安全可靠的环境；保证项目的质量和安全，降低生产成本，提高利润；保障项目的后期效益稳定可靠，能应对特殊变故；树立良好信誉，提高自身的管理水平。

2.风险管理的责任

工程项目风险管理工作者的责任范畴概括以下几点：识别潜在风险，评估各类风险，初步估算风险可能带来影响的大小及发生的概率；制定风险的财务对策，采取相应的预防措施；制定保护策略，提出应对方案；将措施落实到位；管理索赔，其中包含相关的所有的索赔事项的准备工作，与其他各方的谈判工作以及索赔协议的审定和签订工作等；风险管理的预算工作、损失的统计工作等。

风险管理工作的专门负责人应充分发挥和利用财务、物资、设计、经营等部门的作用，保持良好的沟通，做好相关协调和管理工作。

三、建筑工程项目风险处理与监督

（一）建筑工程项目风险处理

建筑工程项目风险管理的风险处理对策有很多，不同对策的分类方法也有很多，比如可以将风险应对措施分为风险控制、风险自留和风险转移三种，也可以分为风险控制对策和风险财务对策两大类，如果按照是否参保，则可分为非保险方法和保险方法两大类。

1.保险方法

目前在建筑行业中的各个领域，用购买保险的方式来降低自己可能承受损失的方法非常普遍，那么在建筑工程项目的风险管理中，利用保险的这种方法自然是非常受重视的。

（1）建设工程一切险

建设工程一切险是指承保建筑工程在建设过程中因为遭受意外事故和自然灾害而造成的损失。在项目建设过程中需要承担一定风险、具有保险利益的相关各方都是被保险人，比如业主、承包商、设计者、监理方等，他们各自所获得的保障是直接和他们的相关责任联系在一起的。建筑工程一切险并不是指对建筑工程的所有的事和物都进行承保，这个承保的内容需要以建筑工程合同的内容为依据。一般情况下，建设场地的建材、施工用机械设备、业主在工地的自有财产、建设场地内的已有建筑物等都是属于承保的财产。

建筑工程项目一切险并不是承保可能遇到的所有责任，一般承保的是建设过程中因自然灾害和意外事故所造成的损失。这些自然灾害是指一些人力无法抗拒的、具有破坏力的自然现象，如地震、水灾、雪灾、冻灾、台风、海啸等。意外事故常指事先无法预料的会造成财产损失和人员伤亡的突发性事件，如爆炸。但战争、政局动荡、污染、政府征用或销毁、工程停工等一系列因素所造成的各种损失不在保险责任范围之内。

（2）安装工程一切险

所谓的安装工程一切险是指承保安装工程项目在安装的过程中因意外事故或自然灾害所造成的各种损失。安装工程一切险和前面提到的建筑工程一切险在内容和形式上大致相同，但也存在一定的差异。安装工程一切险的保险标的自安装开始便负有全部风险责任，而建筑工程一切险则与之不同，其标的随着建筑工程项目的进行而逐渐增加，与之伴随的风险责任也自然是逐步增大的；安装工程一切险的保险标的一般在建筑物内部，其损失经常是人为事故引起的，而建筑工程项目本身多数是暴露在外，其损失常常是由自然灾害引发的。

安装工程一切险的被保险人可以是一切与安装工程保险项目有可保险利益的各方，如业主、承包商、供应商、制造商等。被安装的各种设备、装配件、基础及安装工程所需的各种设施、安装用机械设备、场地清理费及第三者责任都是属于安装工程一切险的保险项目。至于保险责任，安装工程一切险的保险责任除了与建筑工程一些险的保险责任相同的部分外，还包括由于安装技术不善所导致的保险财产损失以及由于超电压、漏电、短路等各种电气原因所造成的除电器设备或用具本身以外的保险财产损失。如果由于超电荷、电弧、碰线、短路等各种电气原因造成的电器设备或用具本身的损失则不属于保险责任范围，不在保险责任范围的责任还有因设计不当、铸造有缺陷所引起的被保险财产本身的损失，以及由于为了纠正这些错误和缺陷而额外支出的费用。建筑工程一切险中责任免除的情况也同样适用于安装工程项目。

（3）人身意外伤害险

我们平常所知道的人身意外伤害险是指被保险人在保险期内，因遭受非本意的、外来的、突发的意外事故而造成被保险人蒙受某种程度的伤害，保险公司按照合同规定给付保险金的保险。只要是身体健康，能正常工作和劳动的都可以作为人身意外伤害险的被保险人。我国的法律强制承包商作为雇主为其雇员购买人身意外伤害险，这一保险在保险有效期之内不因雇主停产停业而中止。

（4）机动车辆险

机动车辆险是以机动车辆本身及其第三者责任为保险标的的一种运输工具保险，是指机动车辆由于遭遇自然灾害和意外事故而造成人员伤害和财产损失而给付保险金的一种商业保险。在建筑工程项目中，机动车辆包含渣土车、建材运输车、机械运输车等各种专用机械车。投保者一般为租用或者是拥有该车辆及使用驾驶人员的承包商。

（5）其他险种

建筑工程项目风险处理时，所用到的险种不局限于上面的四种，还有很多险种会应用在风险管理中，比如承包商或分包商的建筑主体工程十年责任险、细小工程的两年责任险，还有装修工程保险、融资保险等。

2.非保险方法

作为风险处理的另外一个手段，是在不购买相关的各种保险的情况下主动地采取各种降低风险概率或者是降低风险影响的各种方法，与上面的保险方法相比，非保险方法更为主动和积极。

（1）风险回避

该方法的主要手段是中断风险来源，遏制风险的继续发展或者使风险事件不再发生。目前常见的有两种回避风险的基本途径，其一是拒绝承担相应风险，比如说当施工方在已知某工程项目的潜在风险很大的情况下，可以不参加该项工程或者是拒绝甲方的投标邀请，以达到回避风险的目的；其二是放弃之前所承担的风险，比如施工方在施工过程中计划使用一种新的施工技术，但是在实际使用过程中发现该新的技术出现了越来越多的之前不曾预料的风险，这种情况下，施工方可以选择及时放弃这种新的施工技术转而采取传统的成熟的施工方法。

从上面的两种回避风险的途径，不难看出，采用风险回避的方法作为一种风险的处理手段，显得相对消极。不管是拒绝承担风险还是放弃承担风险，都意味着放弃了可能获利的机会，而且当今的建筑工程项目中各种风险层出不穷，没有办法完全回避的，在实际工程中往往会因为放弃承担风险而带来自身的损失，故而这种方法可以利用，但是并不提倡。

（2）风险预防

风险预防是指在风险发生之前设法消除或者是减少可能引起损失的各种因素，降低风险发生的概率或者设法降低风险事件发生的严重性的一种风险处理措施。根据该方法在实际应用过程中的情况，将该方法的实现细分成两种常见的途径，其一为预防风险，其二为减少风险。

预防风险，是指在风险发生之前采取各种可用的预防措施消除或者降低其发生的可能。比如在施工现场，承包商配置专门的安全巡查员，在一定程度上可以降低施工现场安全事故的发生。减少风险，是指在风险损失不可避免地发生时，采取一切切实有效的手段使该损失不至于继续发展和扩大，尽可能遏制损失量的进一步增加。比如施工过程中安全事故发生后紧急及时地采取相应的补救措施以减小安全事故所带来的影响。

（3）风险分离

风险分离是指按照一定的规则将风险分解和离散化。由于建筑工程项目的风险多且复杂，各种风险之间往往存在内部的联系，将风险间隔和离散，可以有效地消除或者是减小风险发生所带来的连锁反应，减少连带损失，风险分离就是这样的一种风险处理措施。

这种风险处理手段可以很好地将发生的风险局限在一定的范围内，限制了某一风险损失发生后的进一步扩展，而且分离风险也有利于有针对性地管理某一单位风险。工程中的设备采购常常采取风险分离的防范方法来应对可能的风险，比如在采购某种设备时为了降低某供货商的该设备价格波动而带来的损失时，可以不用在同一时间在同一家供货商处采购满该种设备，可以在某一时间在某供货商处采购一部分，在其他供货商处采购一部分，或者是在不同时段在同一供货商处采购，或者是不同时段在不同供货商处采购。

（4）风险分散

在金融投资行业中的风险分散是指通过投资的多样化来分散和降低风险的一种风险处理方法，在建筑工程的风险管理中，风险分散指的是通过增加承受风险的主体以缓解某主体风险压力，从而减少风险损失的一种风险处理措施。比如施工总承包单位将工程分包，这样就可以增加工程总风险的承担单位，分包单位为总承包商承担一部分压力。增加承担风险的单位的同时意味着对应利润的索取者增多，也就是说分散风险的同时也减小了自己的获利机会和空间。

（5）风险转移

风险转移，从字面意思不难理解，就是指将自己承担的风险转移出去，这种情况下往往转移的不仅仅是承担风险的责任，也有处理应对风险的权力，自己与转移的风险不再有直接关系。当然，转移出去的风险背后的获利机会自然也转移给了风险接受人。在建筑工程中，对于风险量大的事件，或者说风险事件的主体不具备相应的风险承担能力的情况，往往会用到这种风险处理方式。比如某劳务分包单位承接了某建筑工程的土方工程，但是考虑到自身的基坑开挖设备以及渣土车辆的实际情况，以及当地的交通状况等，感觉自身很难胜任这项工程，一旦不能按照合同要求顺利完成该工作，所承担的损失可能又对该劳务分包单位是个重大的打击，在这种情况下，该单位可以在合同及法律法规允许的情况下将土方工程转让给其他有能力完成的单位。风险转移是一种主动放弃获利机会的消极风险应对措施。

（6）风险抑制

风险抑制是指当风险事件发生时或者发生后，通过各种手段控制风险事件的进一步扩展，控制其影响范围的一种风险应对方法。实际的工程中不可避免地会有很多风险事件发生，此时及时采取措施对抑制事态的发展可以控制损失的扩大。比如某一工程由于施工质量的问题，在工程主体尚未完成结构就已经出现了倾斜的迹象，而且结构的倾斜程度在不断扩展，在有关各方紧急组织专家评估后得知的结论是结构的破坏无可挽回的情况下，可以果断地爆破拆除，以免结构的破坏造成周围的建筑物构筑物等财产的损失。

（7）风险自留

风险自留是指不借助其他力量的情况下，工程项目中的一切风险完全由自己承担的一种风险应对方法。根据实际情况，可以将风险自留分为主动自留和被动自留或全部自留和部分自留。

主动自留是指建筑工程项目风险的承担者在对建筑工程项目的风险进行识别、评估和评价的基础之上，已经明确了相应风险的性质和可能带来后果的情况下仍然主动地承担风险而不借助外部力量的风险处置方法；被动自留是指工程项目风险的面临者未能识别，或是没有正确合理地评估、评价风险的性质以及后果的情况下，被迫采取自身承担风险后果的风险处理方法。

全部自留指在建筑工程项目中，对那些发生的概率小，可能造成的损失程度小的风险全部自留处置的方法；部分自留是指根据具体的情况，有选择性地自留部分风险的方法。

不管是采取什么样的一种方法，我们都应该考虑实际情况，如风险发生的概率和频率，风险事件的严重程度，风险承担者自身的财务能力、业务能力等。

（二）建筑工程项目风险监督

风险监督是风险管理者在工程项目实施过程中必须重视的一项工作，风险监督是定期审查风险计划是否被落实执行，风险应对策略是否发挥预期的作用、达到预期效果，对各项风险对策的执行情况实时监控，可以为管理者对执行效果进行准确评估提供可靠依据，并且可以及时发现被遗漏的风险和新的风险，是下一轮风险识别的必要前期工作，是进行新一轮风险管理工作的重要基础之一。

1.风险监督的依据

风险管理者在展开风险监督工作时，必定要借助相应的依据，一般在建筑工程项目中，风险监督及控制依据有如下几点。

（1）风险管理计划

风险管理计划为风险的监督提供了一个工作大纲，以它为依据，可以设定监督工作的范围和大体方向，且风险管理计划是否被执行或者是其执行程度又是监督工作之一。

（2）风险应对措施

风险监督的另一个重要的工作就是监视风险相应措施的实施是否达到预期效果，换句话说，风险应对措施是风险监督工作的一个参照标准。

（3）实际风险的发展及变化情况

由于建筑工程项目风险的复杂性和不确定性无法准确无误地区预测风险的发展状况，所以某一风险或是某些风险在工程中实际是怎样发展的是我们需要关注的内容，工程项目的实施过程中，随时可能会出现新的风险，不管该风险是之前识别时遗漏的还是新演变而来的，都可能会带来之前我们所未知的威胁，掌握这些实时情况，有利于更好地控制各类风险。

可用于风险控制的各类资源情况在风险监督和控制过程中，我们明确可以利用哪些资源支持我们的工作也是很重要的，掌握这些资源情况有利于在风险发生前用来降低风险发生的概率，或者是在风险事件发生后用来控制损失的进一步扩大。

2.风险监督的目标

风险管理者需要制定明确的工作目标，建筑工程项目中的风险监督工作的目标大体归结为下面几点：准确判定风险发展方向；及早识别新的风险；尽量避免风险事件的发生；积极减小或消除风险事件的负面影响；认真总结风险管理的经验，充分吸取教训，为其他项目或者是新的管理方法的理论研究提供宝贵资料。

3.风险监督的方法

风险监督工作具体到实际工程的风险管理中时，应怎样监督风险是一个重要的课题，它是实现监督工作的手段。常见的监督风险的方法有如下几种：

（1）风险审计和再评估

审计风险是指实时将对已识别的风险执行风险应对处理措施，处理的效力状况进行检查和记录。

在风险的监控过程中，尤其是建筑工程项目，由于风险复杂繁多，可能会发现之前没有识别的风险，或者是之前识别的风险发生了变化衍生出了新的风险，这种情况下，考虑到新的风险可能造成的不利后果，需要进行风险的再度评估，为制定相应的风险应对策略提供依据。

（2）控制图法

该方法通常用于工程项目中可以量化的一些风险事件，比如工程质量、成本、进度等。

（3）变差和趋势分析

项目的各项指标都应该有一个发展计划，通过分析实际过程中具体指标的发展趋势，寻找实际相对计划的偏离程度，分析可能存在的潜在威胁。

（4）技术绩效衡量

这种衡量方法与上面的趋势分析有相似之处，该监督方法侧重将项目实际实施过程中的某些技术指标作为衡量标准，对比分析计划中的技术成果与实际的技术成果，明显的偏差意味着潜在的风险。

（5）储备金分析

建筑工程项目在实际的执行过程中可能会出现影响工程的应急储备金的风险，如果实时地将工程的储备金余额与剩余的风险量进行比较分析，有利于及时应对储备金余额不足情况。

（6）状态审查会议

在工程项目的执行期间，有规律地定期举行工程项目状态审查会议，有利于各方全面地、细致地、及时地了解项目执行过程中风险的各种状况，反馈的信息对制定风险应对策略非常有帮助，是一种重要的风险监督方法。

第二节　建筑工程项目质量管理与控制

一、全面质量管理概述

（一）全面质量管理概念

1992年，美国九大公司的主席及首席执行官联合重点大学经济学院、工程学院的校长及著名的经济顾问，确认了如下一种全面质量的定义：全面质量是一种以人为本的管理系统，其目的是维持降低的成本，持续增加顾客满意。全面质量是总体系统方法（不是一个独立领域或程序），是高水平战略的必需部分；全面质量水平作用于所有职能，涉及从高层到基层的所有员工，并向前和向后扩展至包括供应链与顾客链。全面质量强调不断学习并适应不断地变化，最终实现公司整体成功。全面质量管理的根基是哲学，即采用科学方法。全面质量包括系统、方法与工具，系统允许变化，哲学亦是如此。全面质量注重强调个人与社会行动力量的价值。有多少种行业就有多少种不同的全面质量方法。公司决定采用全面质量哲学的原因有两个：通过转向全面质量，公司对威胁到其经济生存的竞争作出反应。全面质量代表一个提高的机会。全面质量管理的基本要素为：以顾客为关注点；流程取向；持续改进与学习；授权与团队合作；以事实为管理依据；领导与战略计划。总的来说，全面质量管理的基本观点有以下几条：

全面质量的观点：除了要重视产品本身的质量特征外，还要特别重视数量（工程量），交货期（工期），成本（造价）和服务（回访保修）的质量以及各部门各环节的工作质量。

为用户服务的观点：就是要满足用户的期望，让用户得到满意的产品和服务，把用户的需要放在第一位，不仅要使产品质量达到用户要求，而且要价廉物美，供货及时，服务周到，要根据用户的需要，不断地提高产品的性能和质量标准。

预防为主的观点：工程质量（产品质量）是在施工（加工）过程中形成的，而不是检查出来的。全面质量管理中的全过程质量管理就是强调各道工序，各个环节都要采取预防性控制。重点控制影响质量的因素，把各种可能产生质量隐患的苗头消灭在萌芽之中。

用数据说话的观点：数据是质量管理的基础，是科学管理的依据。一切用数据说话，就是用数据判别质量标准，用数据寻找质量波动的原因，揭示质量波动的规律；用数据反映客观事实，分析质量问题，把管理工作定量化，以便于及时采取对策、措施，对质量进行动态控制。这是科学管理的重要标志。

持续改进的观点：持续改进是“增强满足要求能力的循环活动”。就一个组织而言，为了改进组织的整体业绩，组织应不断提高自身质量意识，提高质量管理体系及过程的有效性和效率。坚持持续改进，组织才能不断进步。就一个工程项目来说，只有坚持持续改进，才能不断改进工程质量，满足顾客和其他相关方日益增长和不断变化的需求和期望。

（二）全面质量管理的特点

全面质量管理是从过去的事后检验，“把关为主”转变为以预防改进为主；从“管结果”转变为“管因素”，即提出影响质量的各种因素，抓住主要矛盾，发动各部门全员参加，运用科学管理方法和程序，使生产经营所有活动均处于受控状态之中；在工作中将过去的以分工为主转变为以协调为主，使企业成为一个紧密结合的有机整体。全面质量管理的特点很大一部分集中到“全”字身上，也就是全面的、全过程的、全员参与的质量管理。质量管理采取的方法是科学的，多种多样的。全面质量管理的核心是“三全”管理。所谓“三全”管理，即全过程的质量管理，全员的质量管理和全企业的质量管理。

全过程的质量管理：是指一个工程项目从立项、设计、施工到竣工验收再到回访保修的全过程。全过程管理就是对每一道工序都要有质量标准，严把质量关，防止不合格产品流入下一道工序。

全员的质量管理：指要让每道工序质量都符合质量标准，每一位职工必定要具有强烈的质量意识和经得起考验的工作技能。因此，全员质量管理要强调企业的全体员工用自己的工作质量来保证每一道工序质量。

全企业的质量管理，主要是从组织管理来解释，在企业管理中，每一个管理层次都有相应的质量管理活动，不同层次在质量管理活动中各有侧重。上层侧重于决策与协调；中层侧重于执行其质量职能；基层（施工班组）侧重于严格按技术标准和操作规程进行施工。

（三）全面质量管理的工作方法和步骤

1.全面质量管理的基本方法为循环法

美国质量管理专家戴明博士把全面质量管理活动的全过程划分为计划、实施、检查、处理四个阶段。按计划——实施——检查——处理四个阶段周而复始地进行质量管理。它是提高产品质量的一种科学的管理工作方法，在日本称为“戴明环”循环，是人们在管理实践中形成的基本理论方法。“戴明环”有四个明显特点：一是周而复始；二是大环带小环；三是阶梯式上升；四是统计的工具。从实践论的角度看，管理就是确定任务目标，并按照循环原理实现预期目标。

计划——可以理解为质量计划阶段，明确目标并制订实现目标的行动方案。在建设工程项目的实施中，“计划”是指各相关主体根据其任务目标和责任范围，确定质量控制的组织制度、工作程序、技术方法、业务流程、资源配置、检验试验要求、质量记录方式、不合格处理、管理措施等具体内容和做法的文件，“计划”还须对其实现预期目标的可行性、有效性、经济合理性进行分析论证，按照规定的程序与权限审批执行。

实施——包含两个环节，即计划行动方案的交底和按计划规定的方法与要求展开工程作业技术活动。计划交底目的在于使具体的作业者和管理者，明确计划的意图和要求，掌握标准，规范行为，全面执行计划，步调一致地去努力实现预期的目标。

检查——指对计划实施过程进行检查，包括作业者的自检，互检和专职管理者专检。各种检查包含两大方面：一是检查是否严格执行了计划的行动方案；实际条件是否发生了变化；不执行计划的原因。二是检查计划执行的结果，即产出的质量是否达到标准的要求，对此进行确认和评价。

处置——对于质量检查所发现的质量问题或质量不合格，及时进行原因分析，采取必要的措施，予以纠正，保持质量形成的受控状态。处理分纠偏和预防两个步骤。前者是采取应急措施，解决当前的质量问题；后者是信息反馈给管理部门，反思问题症结或计划时的不周，为今后的质量预防提供参考。

2.三阶段控制原理

三阶段控制原理就是通常所说的事前控制、事中控制和事后控制。这三阶段控制构成了质量控制的系统过程。

（1）事前控制

事前控制要求预先进行周密的质量计划。尤其是工程项目施工阶段，制订质量计划或编制施工组织设计或施工项目管理实施规划，都必须建立在切实可行，有效实现预期质量目标的基础上，作为一种行动方案进行施工部署。事前控制，其内涵包括两层意思：一是强调质量目标的计划预控，二是按质量计划进行质量活动前的准备工作。

（2）事中控制

首先是对质量活动的行为约束，即对质量产生过程各项技术作业活动操作者在相关制度管理下，进行自我行为约束的同时，充分发挥其技术能力，完成预期质量目标的作业任务；其次是质量活动过程和结果要受到来自他人的监督控制，包括来自企业内部管理者的检查检验和来自企业外部的工程监理和政府质量监督等相关部门的监控。事中控制虽然包含自控和监控两大环节，但其关键环节还是增强质量意识，使操作者自我约束、自我控制，坚持质量标准是根本，监控或他人控制是必要的补充，没有前者或用后者取代前者都是不正确的。

（3）事后控制

事后控制包括对质量活动结果的评价认定和对质量偏差的纠正。从理论上分析，如果计划预控过程所制订的行动方案考虑得周密，事中约束监控的能力越严格，实现质量预期目标的可能性就越大，理想的状况是希望各项作业活动“一次成功”“一次交验”合格率100%。但客观上部分工程不可能达到，因为在过程中不可避免地会存在一些计划时难以预料的影响因素，包括系统因素和偶然因素。因此当出现质量实际值与目标值之间超出允许偏差时，必须分析原因，采取措施纠正偏差，保持质量受控状态。

二、建筑工程项目质量管理

（一）建筑工程质量及其特点

工程质量是指工程满足业主需要，符合国家法律、法规、技术规范标准、涉及文件及合同规定的特性综合。工程项目质量的特点是由建设工程产品及其生产特点决定的。建设工程（产品）及其生产的特点如下：一是产品的固定性，生产的流动性；二是产品的多样性，生产的单件性；三是产品形体庞大、高投入、生产周期长、牵涉面广、具有风险性；四是产品的社会性，生产的外部约束性。正是由于建设工程具有这些特点，形成了工程项目质量本身所具有以下特点：

1.影响因素多

建设工程项目质量受多种因素的影响，如工程项目决策、勘察设计、材料、机械、设备、施工方法与工艺、技术措施、人员素质、工期、造价以及工程所在地的政治、经济、社会环境和气候、地理、地质、资源等，这些因素直接或间接地影响建设工程项目质量。

2.质量波动性大

由于建筑生产的单向性、流动性，不像一般工业产品的生产，拥有固定的生产线、规范的生产工艺和完善的检测技术、成套的生产设备和稳定的生产环境，所以，建设工程项目质量容易产生波动且波动性大。由于影响因素比较多，其中任一因素发生变动都会使建设工程项目质量产生波动，如材料设备规格或品种使用错误、施工方法不当、操作未按规程进行、机械设备过度磨损等都会发生质量波动，产生质量变异，造成质量事故。

3.质量隐蔽性

由于建设工程施工过程中分项工程工序交接多、中间产品多、隐蔽工程多，所以，建设工程项目质量存在隐蔽性。若在施工过程中不及时进行质量检查，事后通过表面检查很难发现质量问题，容易产生错误判断，因此必须加强过程中的监督检查。

4.终检的局限性

工程项目建成后不可能像一般工业品那样依靠终检来判断产品质量，也不可能将产品拆卸、解体来检查其内部质量，或对不合格部分进行更换。因此，建设工程项目的终检存在一定的局限性。要求建设工程项目质量控制应以预控为主，重视事前、事中控制，防患于未然。

5.评价方法的特殊性

工程项目质量的检查评定与验收是按检验批、分项工程、分部工程、单位工程进行的。检验批的质量是整个建设工程项目质量的基础，检验批质量是否合格主要取决于主控项目和一般项目抽样检验的结果。工程质量是在施工单位按合格标准自行检查评定的基础上，由监理工程师或业主组织有关单位、人员进行检验确认验收。这种评价方法体现了“验评分离、强化验收、完善手段、过程控制”的指导思想。

6.质量受投资、进度的制约

施工项目的质量受投资、进度的制约较大，一般情况下，投资大、进度慢质量就好；反之，质量则差。因此，项目在施工中，必须正确处理质量、投资、进度三者之间的关系，达到对立的统一。

（二）工程项目质量管理的原则

在进行工程项目质量控制过程中，应遵循以下几点原则：

1.坚持“质量第一，用户至上”的原则

建设工程作为一种特殊的产品，使用年限长，直接关系到人民生命财产的安全。所以，工程总承包项目人员应自始至终把“质量第一”作为对工程项目质量控制的基本原则。

2.坚持以人为控制核心的原则

人是质量的创造者，质量控制必须“以人为核心”，把人作为质量控制的动力，发挥人的积极性、创造性；处理好总承包方与业主、分包单位、政府主管部门、社会各界多方面的关系；增强人的责任感，树立“质量第一”的思想；提高人的素质，避免人的失误；以人的工作质量保证工序和工程质量。

3.坚持以预防为主的原则

由于工程项目质量存在影响因素多、质量波动大、质量隐蔽性等的特点，工程项目质量控制必须以预防为主要原则，从质量的事后检查把关，转向对质量的事前控制，事中控制；从产品质量的检查，转向对工作、工序和中间产品的质量检查。这是确保施工项目质量的有效举措。

4.坚持一切用数据说话的原则

质量标准是评价产品质量的尺度，数据是质量控制的基础和依据。产品质量是否符合质量标准，必须通过严格检查，用数据说话。

5.贯彻科学、公正、守法的职业规范原则

工程质量控制人员在监控和处理质量问题过程中，应尊重客观事实，尊重科学、客观、公正、不持偏见；遵纪守法，坚持原则，杜绝不正之风；既要坚持原则、严格要求、秉公监督，又要谦虚谨慎、实事求是、以理服人、热情帮助。

（三）建筑工程项目施工应达到的质量目标

工程项目施工应达到的质量目标是：

工程项目领导班子应坚持全员、全过程、各职能部门的质量管理，保持并实现工程项目的质量，以不断提高工程质量。

应使企业领导和上级主管部门相信工程施工正在实现并能保持所期望的质量；重视内部质量审核和质量保证活动。

开展一系列有系统、有组织的活动，提供证明真实性文件，使建设单位、建设监理单位确信该工程项目能达到预期的目标。若有必要，应将这种证实内容和证实的程度明确地写入合同之中。为了确保质量目标实现，质量体系要素可以归结为17个，这17个要素又分为5个层次。第一层阐述了企业的领导职责，指出厂长、经理的职责是制定实施本企业的质量方针和目标，对建立有效的质量管理体系负责，是质量的第一责任人。质量管理的职能就是负责质量方针的制定与实施。这是企业质量管理的第一步，也是最关键的一步。第二层次阐述了展开质量体系的原理和原则，指出建立质量管理体系必须以质量形成规律——质量环为依据，要建立与质量体系相适应的机构，并明确有关人员和部门的质量责任和权限。第三层次阐述了质量成本，从经济角度衡量体系的有效性，这是企业的主要目的。第四层次阐述了质量形成的各阶段如何进行质量控制和内部质量保证。第五层次阐述了质量形成过程中的间接影响因素。

（四）工程项目过程质量控制主体三方面

1.业主方面的质量控制

目前，工程项目实现监理制度，工程建设监理的质量控制代表业主行为，其特点是外部的、横向的。工程建设监理的过程质量控制是指监理单位受业主委托，为保证工程合同规定的质量标准对工程项目进行质量控制，其目的在于保证工程项目能够按照工程合同规定的质量要求达到业主的建设意图，取得良好的投资效益。其控制依据除国家制定的法律法规外，还有合同文件、设计图纸，尤其在施工阶段，监理必须实地驻守监理、检查落实按图施工，使其达到合同文件规定的标准。

2.政府方面的过程质量控制

政府监督机构的质量控制。其特点是外部的，纵向的控制。政府监督机构的质量控制是按城镇或专业部门建立的、有权威的工程质量监督机构，根据有关法规和技术标准，对本地区（本行业）的工程质量进行监督，目的在于维护社会公共利益，保证技术性法规的执行。其控制依据是有关的法律法规和法定标准。设计阶段及前期的质量控制以审核设计纲要、选址报告、建设用地申请、设计图纸为主；施工阶段，以不定期检查为主。审核是否违反城市规划，是否符合技术法规和标准规定，对环境影响的大小，有无防止污染公害等技术措施。工程质量等级必须由政府质量监督机构进行核定。

3.承建商方面的质量控制

其特点是内部的、自身的控制，也是承建商自身企业经营持续改进的基础。

三、建筑工程项目质量控制措施

由于项目施工是一个极其复杂的综合过程，所以，影响质量的因素很多，它们会直接影响施工项目的质量。在当前建筑工程施工过程中，一些施工企业普遍存在着这样或那样的问题，比如，质量管理差，懂技术管理的人员少；施工时材料的质量差异，偷工减料，以次充好；施工人员基本处于露天作业，控制质量的组织工作和环境条件比较困难；施工项目的工序交换多，中间产品多，隐蔽工程多；检查验收人员对规范、质量标准贯彻不到位等。这些问题导致一些质量通病，严重影响工程质量，影响建筑的使用，甚至危害人民群众的生命财产安全，因此在整个建筑过程中应严格保证建筑工程项目质量，控制措施的实施。

（一）健全完善质量管理体系

质量管理体系是实现质量保证所需的组织结构、程序过程和资源。建筑企业在开工前必须根据具体工程问题建立完善的质量管理体系。施工准备阶段首先是要做好质量策划，做好充足的预防控制，把质量、安全隐患消灭在萌芽之中。建筑工程的质量策划既是质量管理体系的重要组成部分，也是预防质量缺陷、降低质量事故和成本的有效措施。其次，要完善预控措施，做好施工图纸和细部构造审查。施工图和设计文件是组织施工的技术依据。施工人员认真熟悉图纸做好图纸会审工作，不但可以帮助设计部门减少图纸差错，而且还可以了解工程特点和设计意图以及关键部位的质量要求。最后，开工前要明确提出各自负责的内容和任务，编制成文，如施工方案、施工工艺、施工技术措施、质量通病的防治方法和控制目标等。

（二）严格控制建筑材料质量

施工材料是工程施工的物质条件，材料质量是工程质量的基础，材料设备质量不符合要求，或选择使用不当，均会影响工程质量或造成事故。建材设备应通过正当的渠道进行采购，应选择国家许可认证、有一定技术和资金保证的供应商，实行货比三家。选购有产品合格证，有社会信誉的产品，既可以控制材料的质量，又可降低材料的成本。针对目前建材市场产品质量混杂情况，对建筑材料、构配件和设备要实行施工全过程的质量监控，杜绝假冒伪劣产品用于建筑工程。对于进场材料，应按有关规定做好检测工作，严格执行建材检测的取样送检制度。所以加强材料的质量控制，是提高工程质量的重要保证。

（三）努力创造良好的施工环境

影响工程质量的环境因素较多，有工程地质、水文、气象、通风、污染等。环境因素对工程质量的影响具有复杂而多变的特点，如气象条件变化万千，温度、湿度、大风、暴雨、酷暑、严寒都直接影响工程质量，往往前一工序就是后一工序的环境，前一分项、分部工程也就是后一分项、分部工程的环境。因此，根据工程特点和具体条件，应对影响质量的环境因素采取有效的措施严加控制。尤其是施工现场，如混凝土工程、土方工程、水下工程及高空作业等，应拟定季节性保证施工质量的有效措施，以免工程质量受到冻害、干裂、冲刷等的危害。同时应建立文明施工和文明生产的环境，保持材料工件堆放有序，道路畅通，工作场所清洁整齐，施工程序井井有条，为确保质量、安全创造良好条件。

（四）不断提高施工人员素质

人是直接参与施工的组织者、指挥者和操作者，人是质量的创造者，质量控制必须以人为核心，调动人的积极性、创造性，增强人的责任感，树立“质量第一”的观念，提高人的素质，避免人的失误，以人的工作质量保工程质量。工程管理人员和施工人员是建筑产品的直接制造者，其素质高低和质量意识强弱直接影响到工程质量的优劣，是形成工程质量的主要因素。因此，要控制施工质量，就必须优选施工人员和管理人员。通过加强员工的政治思想和业务技术培训，提高他们的技术素质和质量意识，树立“质量第一，预控为主”的观念，使得管理技术人员具有较强的质量规划、目标管理、施工组织、技术指导和质量检查的能力；施工人员要严格执行质量标准、技术规范和质量验收规范的法制观念，使整体技术力量加强，保证各个岗位配备合格的人员。

（五）认真执行工程验收规范

工程质量验收是工程建设质量控制的一个重要环节，必须严格执行工程验收规范进行工程质量验收。基建部门首先要会同承建单位对工程进行预验收，然后组织使用单位、设计单位、建设银行及政府有关建设管理部门对工程进行全面的严格验收。检查工程技术资料、材料、构件和设备质量合格证明和分部分项验收记录等。为了保证工程质量，必须在施工过程中认真做好分项工程的检查验收。坚持以预控为主的方针，贯彻专职检查和施工人员检查相结合的方法。对于在施工过程中上一道工序的工作成果将被下一道工序所掩盖的隐蔽工程，在下一道工序施工前，应由建设（监理）施工等单位和有关部门进行隐蔽工程检查验收，及时办理验收签证手续。在检查过程中，发现有违反国家有关标准规范，应进行整改处理，待复检合格后才允许继续施工，力求把质量隐患消灭在施工过程中。

（六）坚持循环的质量控制工作方法

戴明环是美国质量管理专家戴明博士提出的，是全面质量管理所应遵循的科学程序。就是按照这样的顺序进行质量管理，循环不止地进行下去的科学程序。

全面质量管理活动的运转，离不开管理循环的转动，这就是说，改进与解决质量问题，赶超先进水平的各项工作，都要运用科学程序。提高工程项目质量，要先提出目标，质量提高到什么程度，要有个计划，这个计划不仅包括目标，也包括实现这个目标需要采取的措施。计划制订之后，就要按照计划进行检查，看是否实现了预期效果，有没有达到预期的目标，通过检查找出问题和原因，并进行改进，最后将经验和教训制定成标准、形成制度。

（七）强化质量意识，健全质量管理网络

1.加强宣传教育，使各级管理人员都能有强烈的质量意识。

2.通过贯标工作的开展，使企业的员工在质量管理方面有章可循，统一的做法，并使质量管理与国际接轨。

3.建立质量终身责任制度，把工程质量的好坏同责任者个人的切身利益紧密结合。质量终身责任制的实施，促使各级与施工有关的人员增强确保工程质量的责任感，自觉加强质量管理，切实把好质量关。

4.建立健全纵贯全企业上下，横贯企业方方面面的质量管理网络，为质量管理提供组织上的保证。

（八）建立项目质量责任制

项目部是建筑工程产品的直接生产者，对全面完成工程承包合同，实现合同的承诺和本企业的质量方针，有着不可替代的作用，要把落实项目质量责任制，加强项目工程质量管理作为项目管理的首要任务，在项目承包管理规定中，要明确项目经理是工程项目的第一责任人，在明确项目经理是质量第一责任人的前提下，由项目经理落实项目部各级职能人员的岗位责任制，将项目质量体系的各项工作和每一个分项分部工程的质量目标，落实到项目的每一个岗位上，每一个员工，工程施工中的每一个环节、每一个分项都有直接责任人，并层层向上负责，直至项目经理对公司负责。

（九）夯实质量管理基础，把好施工过程质量关

首先，对新进厂的工人进行“三级教育”，按规定进行安全生产和一般专业技术技能等方面的教育，使他们都对所从事工作的基本技术、规范、质量要求等有一个基本而必要的了解，从源头上控制工程质量。其次，坚持特殊作业人员持证上岗制，特殊岗位上绝不使用无证人员。最后，加强对专业技术人员和专业管理人员进行业务培训，提高专业技术水平和专业管理水平，不断运用于工程施工的需要。

严格执行标准化作业，加强质量检查，防止质量通病发生。质量检查工作做到重点检查与全面检查相结合，内部检查与外部检查相结合，坚持月、旬、周检查与每个分项工程检查相结合，使工程质量的全过程都处于受控状态，在质量管理文件中明确规定各层次的检查内容和责任。检查后签字移交，并给予质量检查验收人员“责、权、利”三到位，验收通过率与经济奖罚挂钩，形成一级对一级负责，逐级把好质量关的管理机制。

严格执行工序间质量交接制，对施工质量薄弱点的工序衔接部位，规定必须执行工序间的现场交接制度，交接由主要操作者和班组长执行，专职质检员复检，明确问题，提出注意事项，上道工序对下道工序负责，上道工序未验收合格不得进入下道工序施工。

解决好进度与质量的矛盾，从强化主体职工质量意识入手，使保证质量成为每个职工的自觉行动；以质量为核心安排生产，对可能影响到质量的环节做出具体布置，专人落实，纵向到底，横向到边，较好地解决进度与质量的矛盾，使所承担的工程在确保质量的前提下加快进度，满足业主的要求。

（十）严格质量考核与奖惩

在布置施工生产计划的同时，落实质量管理指标，把质量管理指标列为经济承包责任制的一项重要内容；将质量管理指标的实现情况，与经济承包责任制考核挂钩，同责任单位领导班子及有关责任人的收入分配挂钩；质量指标完成好，为企业赢得信誉的给予奖励，完不成质量指标或发生质量事故，造成不良影响的给予经济处罚和行政处分，影响越大，处罚越重，质量奖罚的实施将有利地调动项目经理部和各级人员把质量管好的积极性。

第五章　建筑工程项目招投标管理

第一节　建筑工程招投标基本原理

一、建筑工程招投标的含义

招投标是在市场经济条件下进行建设工程、货物买卖、财产租售和中介服务等经济活动中，招标人利用技术经济的评价方法和市场竞争机制的作用，通过有组织地开展择优成交的一种成熟的、规范的和科学的市场交易方式，其特征是引入竞争机制以求达成交易协议和订立合同，它兼有经济活动和民事法律行为两种性质。换言之，招投标是由招标人或受招标人委托的招标代理机构通过招标公告或投标邀请信等方式，发布招标信息，在同等条件下，邀请潜在的自然人、法人或其他组织投标竞价参与公平竞争，由招标人或受招标人委托的招标代理机构按照规定的程序和办法，通过对投标竞争者的报价、质量、工期和技术水平等因素进行科学的分析和综合比较，从中择优选定中标者，并与其签订合同，以达到招标人节约投资、保证质量和资源优化配置目的的一种特殊的市场交易方式。

招投标，从其特殊的交易方式过程来看，它包括了招标和投标两个最基本的环节。

前者是招标人以一定的方式邀请不特定或一定数量的投标人来投标；后者是投标人响应招标人的招标要求参加投标竞争。没有招标就不会有供应商、承包商或其他服务商的投标；没有投标，采购人的招标就得不到响应，也就没有了后续的开标、评标、定标和合同签订等一系列的完整的招标过程所包含的程序。因此，招标与投标是一对相互对应的范畴，无论是招标还是投标，都是内涵和外延一致的概念。在世界各国和有关国际组织的招标法律规则中，尽管大多只称招标，如国际竞争性招标、国内竞争性招标、限制性招标等，实际上是招标投标的简称，是包含招标与投标这一对相互对应事物的两个方面，是分别从买方（建设单位、发包方）或卖方（承包方）不同的角度运作所得的称呼。

对于建筑工程而言，招投标是指在工程建设中引进竞争机制，择优选定勘察、设计、监理、施工、设备安装、装饰装修、材料与设备供应等单位，以达到缩短工期、提高工程质量和节约建设投资目的的一种建筑产品生产的交易方式。

二、建筑工程招投标的特点

建筑工程招投标作为一种有效的选择交易对象的市场行为，贯穿了竞争性、公开性和公平性的原则，具有以下特点：

（一）组织程序规范

在世界各国和有关国际组织的招标规则中，招标投标的程序和条件都是事先设定并公开颁布的，对参与招标投标的各方具有相同的法律约束效力，招投标参与各方必须严格按照既定程序和条件，不可随意改变，并且招标投标活动由固定招标机构组织进行。目前，招标投标程序已相对成熟与规范，不论是工程建设施工招标，还是有关货物采购招标，或者是其他服务类型的招标，都必须按照“招标——投标——评标——定标——签订合同”这一相对规范和成熟的基本程序进行。

（二）公平、公正、公开透明的原则贯穿始终

建筑工程招标的目的是在尽可能大的范围内寻找符合要求的潜在投标人，并选择最符合要求的投标人为中标人。一般情况下，对邀请参与投标的承包商和供应商是无名额限制的，在招标信息发布、评标标准以及评标方法和过程等方面，都向整个社会公开，并接受整个社会的监督。招标人对待各个投标人一视同仁，不得对任何一个投标人进行任何形式的歧视行为。公开评标标准和评标办法，是约束评标委员会评标，确保评标过程公正性的重要措施之一。招标的组织性、公开性以及严格的保密措施，也都是对投标人在招标过程中进行公平、公正竞争的重要保证。

（三）一次性成交

通常的商品交易往往在进行多次谈判之后才能成交，但是建筑工程招投标不同于一般的商品询价采购与谈判交易。在建筑工程的招标投标过程中，投标人和招标人之间不允许进行讨价还价，这是招标投标这种特殊交易方式最为显著的一个特征。投标人应邀参加投标，只能按照规定的程序在限定的时间进行一次性投标报价。在投标文件递交截止日期以后，投标人不得将投标文件撤回或进行一些实质性的修改。投标人通过投标竞价，在评标委员会进行科学分析和综合比较后，最符合招标人要求的将被定为合作人，并与之签订工程承包合同，建筑产品买卖双方成交。

（四）时限严格要求

招标公告（或投标邀请书）发出后，招标文件的发售时间、对招标文件的澄清答疑、修改时间、投标截止时间、开标时间、投标有效期、投标保证金有效期，以及中标通知书发出后中标人与招标人签订合同期限等，都必须按公开规定的时间进行，有严格的时限要求。

（五）目标下的系统最优化性

建筑工程招投标的最终目的不仅限于建筑产品交易的达成，也不仅限于简单地追求效益，而在于追求多目标条件下的系统最优化。换言之，建筑工程招投标的目的在于实现资源的有效配置及资源配置的效率、效益达到最佳统一，具体体现在成本低、工期短、质量优，且获得寿命同期效益最佳几个方面。

三、建筑工程招投标的目的

建筑工程招投标是指通过特定的市场进行建设工程项目交易的行为，包括招标和投标。招标是指建设单位（招标人）以一定方式组织一定数量的投标人进行投标，并按一定要求对投标人进行优选的过程；投标则是指投标人对招标人的要求予以响应，参与竞标的过程。从这个意义上讲，建筑工程招投标的目的也有两个方面：

对于招标人来讲，是要通过招投标，节省工程成本、提高工程质量、缩短工程工期，从而为招标人即工程项目的投资主体提高投资效益。

对于投标人及其所在的建筑行业来讲，则是希望通过招投标活动将竞争机制有效地引入工程建设领域。一方面促使建筑企业提高管理水平，增强行业整体竞争力，引导建筑市场的有序竞争；另一方面也希望通过有序的招投标竞争提升企业自身综合实力，进而获得自身利益的提升。

四、建筑工程招投标的原则

招投标的原则是为了实现招投标目标而制定的法则或标准，贯穿于招投标活动始终。招标应当遵循公开透明原则、公平竞争原则、公正原则和诚实信用原则。

（一）公开透明原则

招投标的公开透明原则是指有关招投标的法律、政策、程序和活动都要公开、透明。在招投标机制中，公开透明原则贯穿于整个采购程序始终。首先，有关采购的法律和程序要公布于众，并且要严格按照法律和程序办事；其次，采购项目和合同的条件要公开刊登公告，资格预审和评价投标的标准要事先公布并且严格按照此标准进行评价；最后，公开开标的采购活动要做好采购记录，以备公众和监督机构的审查和监督。

在招投标实践活动中，公开透明还应体现以下五方面的标准："公开透明"的载体要有一定的标准，即必须要有一定的知名度；"公开透明"的措施要有一定的标准，即必须要有足够的保障力度；"公开透明"的内容要有一定的标准，即必须要全面、真实、具体；"公开透明"的时间要有一定的标准，即必须要充分、及时；"公开透明"的方法要有一定的标准，即必须要做到全面周到。

（二）公平竞争原则

公平竞争是指竞争者之间所进行的公开、平等、公正的竞争。公平竞争对市场经济的发展具有重要的作用。它可以调动各个市场参与主体的积极性，使他们不断地提高技术水平和管理能力，向市场提供物美价廉的新产品。公平竞争可以使社会资源得到合理的配置，并最终为消费者和全社会带来福利。

一般来说，公平竞争原则是指各个竞争者在同一市场条件下共同接受价值规律和优胜劣汰的作用与评判，并各自独立承担竞争的结果。公平竞争既是竞争群体利益的要求，也是国家规制竞争活动的指导思想。

招投标中的公平原则首先是指所有参加竞争的投标人机会均等，并受到同等待遇，允许所有潜在的、有意向参加投标竞价的供应商、承包商或服务提供者参加竞争，对所有投标人的资格预审和投标评价都使用同一标准，采购单位或机构向所有潜在的、有意向的投标人提供的信息都应相同，不应对任何一个投标人有任何形式的歧视。

采用招投标的方式进行采购的一个重要假设就是通过市场竞争而形成的商品价格是一种合理的价格。招投标的主要目的是通过促进承包商、供应商或服务提供者之间最充分的市场竞争来实现的。对于建筑工程而言，通过竞争，建筑工程交易市场可以形成一种买方市场，从而形成一种对买方有利的竞争局面。竞争也可以促使投标人提供更好的商品和技术，并且设法降低产品成本和投标报价，从而使用户可以以较低的价格采购到优质的商品，实现招标的目标。因此，竞争性原则是招标的一条重要原则。

同时，唯有建立在公平的基础上的竞争，才能发挥其巨大的作用。其原因在于只有在公平的基础上进行的竞争，才能最大限度地促进最充分的竞争，才能使有实力和能力的投标人通过提供物美价廉的产品或服务在招投标中获得投标的成功，进而促进采购目标经济、有效的实现。

（三）公正原则

“公正”一词带有明显的“价值取向”，它所侧重的是社会的“基本价值取向”，并且强调这种价值取向的正当性。在招投标工作中，公正性主要表现在，合同的授予要兼顾招投标社会目标的实现，具体体现在以下几个方面：评标方法应该符合国家的有关政策并与应公布的评标方法一致；评标人员在评标过程中应该行为公正，没有偏私；评标委员会的评标专家应该有良好的职业道德，在评标过程中不弄虚作假。

（四）诚实信用原则

建筑工程招投标作为建筑工程交易市场的一种特殊的交易方式，其交易对象（建筑产品）生产和交易的分离，决定了建筑工程招投标是一种信用交易方式。

因此，在建筑工程招投标过程中应遵守诚实信用的原则。

在现代市场经济活动中，信用是一切经济活动的基础。美国学者福山认为，从信用的角度，当代社会分为低信用社会和高信用社会。在低信用社会，人与人之间关系紧张，相互提防，相互间在培养信任关系方面有较大的风险和难度，社会交往的成本很高；而高信用社会人与人之间关系和谐，相互信任，有强烈的社会合作意识和公益精神，信用度高，社会交易成本低。与低信用社会相比，高信用社会在市场经济的竞争中因为人们彼此之间守信而处于优势。因此，从这个方面来看，在市场经济活动中遵守诚实信用的原则既是进行市场经济活动的基本要求，也是在市场经济竞争中取得胜利的关键所在。

所谓诚实信用原则，一般认为其含义是，当事人在市场经济活动中应诚实无诈、恪守诺言、讲求信用，在追求自身利益最大化的同时不损害他人和社会利益，要求各市场主体在市场经济活动中维持双方的利益以及当事人利益与社会利益的平衡。

在招投标工作中，诚实信用原则具体体现在以下几个方面：招标人和投标人双方都应该诚实，招标人提供的招标文件应该真实，投标人提供的投标文件也应该出于自己的意愿；在招标过程中，招标人不应该违背招标文件的有关承诺，同时投标人也不应该违背投标文件的有关承诺；招标人和投标人在招投标具体过程中都不应该有不利于其他投标人的行为。除上述原则之外，招投标还应遵循优胜劣汰原则、价值规律原则和服务供求规律原则等，而且招投标工作还应该建立在建筑市场是买方市场的基础之上，这也是有效开展招标投标工作的前提。

五、建筑工程招投标的方式

招投标的方式决定着招投标的竞争程度，针对招标对象的特点，选择合适的招投标方式是有效利用市场机制，实现资源优化配置的重要手段。关于招投标的方式，目前世界各国政府和有关国际组织的采购法律、法则都规定了公开招标、邀请招标、议标三种招标投标方式。

（一）公开招标

公开招标，又叫竞争性招标，是指招标人通过报刊、电视或信息网络等公共传媒介绍、发布招标公告或招标信息，邀请不特定的法人或者其他组织参加投标竞争，从中择优选择中标单位。

公开招标的一般程序有：发布招标公告；进行资格预审；发放招标文件；召开投标预备会；编制、递送投标文件；开标；评标（资格后审）；中标；合同谈判与签订。

按照招标范围的不同，公开招标可分为国际竞争性招标和国内竞争性招标。

1.国际竞争性招标

国际竞争性招标是招标人在世界范围内通过各种宣传媒介发布招标公告，邀请符合招标文件要求的国内外法人或其他组织，单独或联合其他法人或组织参加投标，并按照招标文件规定的币种进行结算的招标活动。国际竞争性招标需要编制完整的英文标书。

国际竞争性招标的优点：招标范围广阔，投标竞争激烈，买主一般都可以以对其有利的价格采购到所需的设备和工程；可以保证所有合格的投标人都有机会参加投标，可促进发展中国家的制造商、承包商以及服务提供者提高产品、工程建造及服务的质量，提高国际竞争力；可以引进先进的设备、生产技术和管理经验；有利于保证采购工作根据预先指定并为大家所知道的程序和标准公开而客观地进行，减少了采购中作弊的可能性。

国际竞争性招标的缺陷：流程复杂繁多，耗时长，浪费社会资源。为了确保招投标工作的顺利有序进行，如前所述，国际竞争性招标有一套周密而比较复杂的程序，从发布招标公告、投标人作出反应、评标定标到签订合同，耗时较长，一般都需要半年到一年以上的时间。

所需准备的各种文件较多。国际竞争性招标的招标文件要明确规定说明各种技术规格、评标标准以及买卖双方的权利义务等内容。招标文件中任何含糊不清、不明确或不确定的文字都有可能为后续的评标定标以至合同的签订和执行带来分歧，造成争执。因此，在国际竞争性招标中，都须准备大量的文件，尽可能地将各种技术规格、评标标准以及买卖双方的权利义务等内容阐述清楚。此外，国际竞争性招标由于涉及范围广泛，还须在招投标的过程中将大量的文件翻译为国际通用的文字，这在无形中也增加了文件的数量。

2.国内竞争性招标

国内竞争性招标是指招标人在其国内通过各种宣传媒介发布招标公告，邀请符合招标文件要求规定的国内法人或其他组织，单独或联合其他国内法人或组织参加投标，并用本国货币结算的招标活动。国内竞争性招标只需用本国语言编写标书。

国内竞争性招标通常用于合同金额较小（世界银行规定小于50万美元的合同额）、采购品种比较分散、分批交货时间较长、劳动密集型产品、商品成本较低而运费较高、当地价格明显低于国际市场等货物或工程建设的采购。此外，若从国内采购货物或者工程建设可以大大节省时间，而且这种便利将对项目的实施具有重要意义，另外，也可仅在国内实行竞争性招标采购。在国内竞争性招标的情况下，如果外国公司愿意参加，则应允许其按照国内竞争性招标参加投标，给予国民待遇，不应人为地设置障碍，妨碍其公平参加竞争。

国内竞争性招标的程序大致与国际竞争性招标相同。由于国内竞争性招标限制了竞争范围，通常国外供应商不能得到有关投标的信息，这与招标的原则不符，所以有关国际组织对国内竞争性招标都加以限制。

（二）邀请招标

邀请招标也称有限竞争性招标或选择性招标，是指招标人从潜在投标人中选择一定数量（不少于3家）的供应商或承包商，以投标邀请书的方式向其发出投标邀请，由被邀请的供应商、承包商投标竞争，从中选定中标者的招标方式。

邀请招标具有以下特点：发布信息的方式为投标邀请书；采购人在一定范围内邀请供应商参加投标；投标人的数量有限，根据招标项目的规模大小，一般范围在3至10个；招标时间大大缩短，招标费用也相对低一些；公开程度逊色于公开招标。

由于邀请招标限制了充分的竞争，因此，招标投标法规一般都规定，招标人应尽量采用公开招标。在下列情形之一的，经批准可以进行邀请招标：项目技术复杂或有特殊要求，只有少量几家潜在投标人可供选择的；受自然地域环境限制的；涉及国家安全、国家机密或者抢险救灾，适宜招标但不宜公开招标的；法律、法规规定不宜公开招标的。

国家重点建设项目的邀请招标，应当经国家国务院发展计划部门批准；地方重点建设项目的邀请招标，应当经各省、自治区、直辖市人民政府批准。

虽然邀请招标的竞争非常有限，但是国际政府通过的招标采购法规，无一例外地将邀请招标作为一种重要的招标方式加以确定，并制定了详细的规则。例如：欧盟的公共采购规则规定，如果采购金额超过法定界限，必须采用招标方式的，项目法人有权自由选择公开招标或邀请招标。

（三）议标

议标也称谈判招标或限制性招标，是招标人和投标人之间通过一对一谈判而最终达到招标目的的一种招标方式，不具有公开性和竞争性。

1.议标的一般程序

议标一般主要包括以下程序：招标委员会确定议标日程；招标人与投标人进行议标。参加议标的双方的技术、经济和法律专家，就标书中所涉及的商务、技术、法律和其他方面的问题进行磋商；形成议标结论。议标结论要用完善、准确的措辞以书面形式记录，并经由招标人与投标人双方代表审阅，签字确认，最后纳入合同文件中；签订合同。

2.议标的方式

议标主要有以下几种方式：

（1）直接邀请议标

直接邀请议标是招标人或其代理人直接邀请某一法人或组织进行单独商谈，最终达成协议后签订合同，选定中标人的一种议标形式。采用这种方式进行议标，如果与一家协商不成，可以邀请另一家，直到协议达成为止。

（2）比价议标

比价议标兼具邀请招标和直接邀请议标两者的特点，一般适用于规模不大、内容简单的工程、货物和服务采购中。通常的做法是由招标人将采购的有关要求发送至选定的几家法人或组织，要求其在约定时间内提出报价。招标人通过对各家报价的分析比较，选择报价合理的法人或组织，与其就工期、造价、质量、付款条件等细节进行协商，最终达成协议，签订合同。

（3）方案竞赛议标

方案竞赛议标是采购工程规划设计服务常用的方式，可组织公开竞赛，也可邀请若干家规划设计机构参加竞赛。一般的做法是由招标人提出规划设计的基本要求和投资控制数额，并提供可行性研究报告、设计任务书、场地平面图、有关场地条件和环境情况的说明，以及规划、设计管理部门的有关规定等基础资料；

参加竞赛的单位据此提出自己的规划或设计初步方案，阐述方案的优点和长处，并将该项规划或设计任务的主要人员配置、进度安排、完成任务的时间和总投资估算等，一并报送招标人；然后由招标人邀请有关专家组成评选委员会，选出优胜单位，招标人与优胜者签订合同，同时对未选中的单位给予一定的补偿。

此外，在科技项目招标中，通常使用公开招标，但不公开开标的议标方法。招标单位在接到各投标单位的标书后，先就技术、设计、加工、资信能力等方面进行调查，并在取得初步认可的基础上，选择理想的单位与之商谈，如能达成一致的协议，则可定为中标单位，如若未能达成一致的协议，则退而求其次，寻找第二家单位进行协商。如此逐次协商，直至双方达成一致意见为止。这种议标方式使招标单位有更多的灵活性，可以选择到比较理想的供应商和承包商。

3.议标的适用范围

议标作为一种特殊的招标采购方式，由于缺乏有效竞争，不便于公众监督，容易导致非法交易等缺点，而受到各方的限制。但是，由于各类合同在目的、性质、类型和条件等方面存在差异，它又具有一定的存在基础、价值和空间。在国际的各采购法规中，议标主要适用于以下条件：用于研究、开发和实验，属原型或首次制造以及设计方案竞赛等特定需要的采购；用于涉及国防和国家安全，或优先购买慈善机构和监狱等非营利产品等特殊目的的采购；用于救灾、抢险或处置重大事故等紧急状态的采购；用于竞争性招标无有效结果，出现未预见到的原定合同目标之内的必然延伸和额外服务，以及缺乏替代性的特定供应等异常情况的采购；用于在原招标基础上的同类型继续或重复服务，在集中交易和公开拍卖市场可以实现有效购买，以及低于规定金额或属于标准规格产品能够货架交易等无须竞争的采购。

在我国现有的招标投标法规中，议标的法律地位是不确定和不稳定的。我国招标法规总的调整框架是：建设工程招标一般允许议标，机电设备等货物招标原则上不采用议标，政府采购及其他内容的招标则将议标作为一种比较重要的方式。

六、建筑工程招投标的类型

招投标按照不同的分类标准可以分为以下几种类型：

（一）按招标标的的不同可以分为

物品招投标：即以机器、设备、仪器等物品为标的的招投标活动；工程招投标：即以房屋、道路、桥梁、港口、机场等工程项目为标的的招投标活动；技术招投标：即以工艺过程、操作方法、作业程序等技术为标的的招投标活动；服务招投标：即以某种服务而非实物为标的的招投标活动。

（二）按招标主体的不同可分为

个人招投标：即个人作为主体进行的招投标活动；家庭招投标：即家庭作为主体进行的招投标活动；团体招投标：即团体作为主体进行的招投标活动；企业招投标：即企业作为主体进行的招投标活动；政府招投标：即政府作为主体进行的招投标活动。

（三）按照招投标方的赢利性质不同可分为

商业招投标：即商业领域为转售进行采购和存储货物而进行的招投标活动，是以营利为目的；政府招投标：即中央和各级地方政府以及其他公共服务部门，为提供公共服务而进行的招投标活动，不以转售和营利为目的。

（四）按招投标过程的公开性程度不同可分为

公开招投标：竞争性招投标即招标人将招标项目信息公布于众，对投标人没有名额和范围上的限制，给任何可能的潜在投标人以平等竞争机会的一种招投标形式；邀请招投标：有限竞争性招投标即招标人邀请几个有限的潜在投标人参与投标竞争，对投标人有一定的范围限制，是一种小范围内的投标竞价的招投标形式。

（五）按限定的投标人的范围不同可分为

国内招投标：即对招投标的范围限定在国内的招投标形式，投标人必须是国内的企业、团体或者个人等；国际招投标：即对招投标的范围没有国界限定的招投标形式，投标人可以是国内或国外的企业、团体或者个人等。

（六）按招投标经历的阶段不同可分为

单阶段招投标：即整个招投标过程只有一次投标报价过程的招投标形式；多阶段招投标：即整个招投标过程含有多次投标报价过程的招投标形式。

第二节　招投标管理主体职能规范化及招标过程技术问题

一、建设工程项目招投标管理主体职能规范化

针对目前我国招投标管理主体职能方面存在的各种问题，通过明晰各方主体职能，提出一些规范主体职能的对策和建议，使部分问题得到有效解决。

（一）政府主体职能规范化

在工程项目招投标中，政府的职能主要体现在两个方面：一方面，政府以业主的身份向社会提供公共物品。在政府投资建设工程中，政府作为市场经济主体参与经济活动，政府的行为应该遵守市场经济的规则，遵循公平竞争的原则，同时拥有获利的机会并承担相应的风险，作为市场交易中真正的利益主体，它以利润最大化和投资效益最大化为目标。另一方面，政府作为市场的管理者，以制定市场秩序为己任，以法律为依据，以颁布法律、法规、规章、命令及裁决为手段，对微观经济主体的不正当市场交易行为进行直接或间接的控制和干预。这一职能又体现在两个方面：

1.立法

按照新制度经济学理论，市场规则的产生可以分为两种情况：市场主体在利益冲突和竞争中自发形成的规则，即诱致性制度；市场不能形成的规则，需要市场以外的强制力量来制定，即强制性制度。前者强调的是市场调节，后者强调的是政府干预。我国政府在工程项目招投标领域制定了相关的法律、法规等强制性

制度，使各项工作有法可依，从而保护当事人各方的正当利益，规范市场秩序。

2.监督管理

政府对招投标活动的监督管理就是政府依据相应的法律法规对招投标的整个过程进行全程监督管理。包括事前监督、事中监督、事后监督。事前监督是对招标企业资质审查，对应该招标的项目是否按规定采取相应的招标方式进行审查，对施工企业资质进行规范管理等；事中监督是对招标过程与内容的合法性进行监督；事后监督是从中标人确定之后到合同履约完成阶段，必须进行跟踪检查，防止非法分包和转包，并对工程质量跟踪检查。

（二）招投标双方主体职能规范化

1.招标主体职能规范化

招标人应是提出招标项目，进行招标的法人或者其他组织。招标人应当有进行招标项目的相应资金或者资金来源已经落实，并应当在招标文件中如实载明，同时，招标人具有编制招标文件和组织评标能力的，可以自行办理招标事宜。按照建设部的有关规定，依法必须进行施工招标的工程，招标人自行办理施工招标事宜的，应当具有编制招标文件和组织评标的能力：有专门的施工招标组织机构；有与工程规模、复杂程度相适应并具有同类工程施工招标经验，熟悉有关工程施工招标法律法规的工程技术、概预算及工程管理的专业人员。招标人符合法律规定自行招标条件的，可以自行办理招标事宜。任何单位和个人不得强制其委托招标代理机构办理招标事宜。不具备上述条件的，招标人应当委托具有相应资格的工程招标代理机构代理施工招标。

规范招标人职能的有以下两个方面建议：

一方面是更加具体的界定公开招标与邀请招标的范围，根据需要适当扩大公开招标的范围，对应该招标的项目有关部门要严格按照程序，监督招标工作的履行；另一方面应按照法律规定对招标人资质条件进行严格审查，对不符合条件的招标人，要禁止其擅自组织招标，开展项目工作。

招标人规避招标工作的目的是在此阶段减轻工作量，节省部分资源，但同时增加了后期施工过程的风险因素。在建设工程项目中采取招投标的形式，有效引入了竞争机制，可以择优选择更有竞争力的投标人，降低工程成本的同时有效地保证工程优质优量完成，从整体角度使招标人在主观上愿意实施招投标工作。

2.投标主体职能规范化

投标人是响应投标、参加投标竞争的法人或者其他组织。投标人应当具备承担招标项目的能力。施工招标的投标人是响应施工招标、参与投标竞争的施工企业。投标人应当具备相应的施工企业资质，并在工程业绩、技术能力、项目经理资格条件、财务状况等方面满足招标文件提出的要求。投标人应具备以下两个条件：应当具备承担招标项目的能力；应当符合招标文件规定的资格条件。

针对前述工程项目招投标过程中投标人存在的问题，在此提出以下几点建议，用以规范投标人的职能。首先，加强行业监督力度。在此，可以借鉴市场经济发达国家和国际组织的经验，分别设置招投标管理监督机构和具体执行机构。相应有一个与招投标执行机构完全分开实行统一监督管理的部门，而不受政府作为招标主体的行政干预。有一套完善的监督管理措施和办法，设立完善的监督管理系统，对各类招投标活动实施有效的监督管理。从而解决实践中经常出现的监督不到位，无人监督或无法监督问题。其次，加强法律执行力度。我国相关招标投标的法律法规日趋完善，然而执行力度不够，导致了不少企业为利益所驱，敢于铤而走险。所以，法律应该加强对有违规行为企业的惩罚力度，对有违法行为的企业可以取消其投标资格1～3年，并将相应的责任制度落实到人，提高企业职工的监督意识，增强企业法人代表的法纪意识。最后，由于造成企业之间无序竞争的原因主要是市场界定不清，导致很多中小企业小而全但不精，要想和大企业在同等条件下竞争，就得投机取巧，甚至违法违规。因此，有关部门应调整好专业结构，加强对业主分包一级市场的管理，逐步开发总承包商与分承包商之间的二级市场，培育装饰装修和劳务分包等三级市场，从而扩大市场容量，缓解供需矛盾。另外，应该针对企业自身特点，资金雄厚、资质等级高、实力强大的大型施工企业集中在一级市场，提高自身素质和能力，参与国际化竞争。而资金有限、资质等级低、实力较弱的中小施工企业应输入二、三级市场，走专业化道路，充分发挥其优势和专长，开拓适合自身特点的市场业务，从而避免一级市场的过度竞争，这样，也有利于招标投标市场和建筑业走良性发展道路，逐步形成以总承包企业为龙头，专业分包为骨干，装饰装修和劳务分包为补充的合理建筑业专业结构，提高中小企业专业化水平，实现细分，改变小而全但不精的状况。

（三）招标代理机构职能规范化

申请工程招标代理机构资格的单位应具备以下条件：是依法设立的中介组织；与行政机关和其他国家机关没有行政隶属关系或者其他利益关系；有固定的营业场所和开展工程招标代理业务所需设施及办公条件；有健全的组织机构和内部管理的规章制度；具备编制招标文件和组织评标的相应专业力量；具有可以作为评标委员会成员人选的技术、经济等方面的专家库。我国将工程招标代理机构资格分为甲、乙两级。招标代理机构在招标人委托的范围内承担的招标事宜包括：拟订招标方案，编制和出售招标文件、资格预审文件；审查投标人资格；编制标底；组织投标人踏勘现场；组织开标、评标，协助招标人定标；草拟合同；招标人委托的其他事项。并且，法律规定招标代理机构不得无权代理、越权代理，不得明知委托事项违法而进行代理，不得接受同一招标项目的招标代理和投标咨询业务，未经招标人同意，不得转让招标代理业务。

针对工程项目招投标实际工作中，招标代理机构存在的问题，提出以下几点建议，以规范招标代理机构的职能，加强招标代理机构的独立性。招标代理机构属于依法设立的中介组织，独立完成相关业务，而不应依附于政府部门，这也是法律法规中明文规定的，需要相关部门严格贯彻执行，加强监管力度；提高招标代理机构人员素质。有利于加强招标代理机构承担业务能力和市场竞争能力，加强招标代理机构专业能力和执业道德，以及把握政策的原则性，从而保证招标代理项目目标的实现，并站在公正的立场上，维护招标人的利益和投标方的合法权益；加强招标代理机构的市场化运作。招标代理机构就其性质来说是工程项目招投标市场的服务性机构，属于营利性的企业单位，法人实体，独立经营，自负盈亏，自担风险。招标代理机构在依法获得执业资格后，依据市场经济规律运转，承担相应的经济法律责任，并接受市场监督，同时也起到监督招投标活动的作用。

二、建设工程项目招标过程技术问题

（一）招标文件编制研究

1.招标文件的重要意义

招标文件是建设工程项目招标投标过程中重要的法律文件。招标文件包含了完整的招标程序，提出了各项技术标准和施工要求，并且规定了拟定合同的主要内容。其作用在于为投标人编制投标文件参加投标提供了依据；为评标委员会评标提供了依据；为合同订立奠定了基础。

招标文件作为建设工程项目招投标及施工过程的纲领性文件，对整个项目造价具有控制性意义。招标文件全面、准确地体现了招标人的意愿，有利于为招标人选择最适合本项目的承包人；有利于监督工程质量和控制工程造价；有利于工程施工管理的顺利进行。规范、严密的招标文件可以避免招标人陷入追加造价的圈套，降低承包商利用文件漏洞高价索赔的风险。

2.招标文件中的工程量清单编制

（1）工程量清单计价招投标概述

采用工程量清单计价模式，就要求招标方在招标文件中包括相应的工程量清单。工程量清单计价招投标是指招标人在招标文件中为投标人提供实物工程量项目和技术性措施项目的数量清单（工程量清单），投标人在国家定额或地方消耗量定额或本企业自身定额的指导下，结合工程特点、市场竞争情况和本企业的实力，充分考虑各种风险因素，自主填报清单开列项目的综合单价（包括直接工程费、管理费、利润、考虑风险因素）并合计汇总价，再加上规费和税金，最后得出工程总报价，而且所报的综合单价一般不予调整的一种招投标方式。

（2）工程量清单计价招投标包括两个环节

第一步，招标人根据工程施工图纸，按照招标文件要求及统一的计价规范，为投标人提供工程实物量清单和技术措施项目数量清单；第二步，投标人根据招标人提供的工程量清单及拟建工程情况描述和要求，结合项目特点、市场环境、风险因素及企业综合实力自主报价。工程量清单计价招投标采用了市场计价模式，是对传统计价模式的改良与创新。其基本特征为：在计价依据上实行了“量价分离”；在管理方式上实行“控制量、指导价、竞争费”；在工程量清单编制上实行“四统一”（即项目编码统一、项目名称统一、计量单位统一、计算规则统一）原则，从而由市场竞争形成价格。

（3）工程量清单计价招投标优点

与传统定额计价模式相比，工程量清单计价模式招投标具有以下优点：

①体现了公平与竞争原则。工程量清单为投标人提供了一个公平的条件，即统一的工程量，投标人根据自身实力情况来填写单价，这一过程同时体现了竞争

性，反映了投标人的技术实力与管理水平，有利于招标人在竞争状态下获得最合理的工程造价。

②有利于业主拨付工程款、控制投资和确定最终造价。工程量清单计价模式下的中标价是合同价的基础，相应的投标清单单价就成为拨付工程款的依据，业主根据施工企业完成的工程数量确定进度款的拨付额。同时，工程量清单计价可以让业主对设计变更工程量引起的造价变化一目了然，决定是否变更或进行方案比选，从而达到控制投资的目的。工程竣工后，业主直接根据由各种变更引起的工程量增减与对应单价相乘，确定最终造价。

③有利于投标企业在中标后精心组织施工，控制成本。中标企业可以根据中标价和投标文件的承诺，周密分析、统筹考虑单位成本及利润，精心选择施工方案，优化组合人工、机械、材料等资源，从而履行承诺，保证工程进度和质量。

④体现了风险共担与责、权、利关系对等原则。在工程量清单计价方式下，投标单位只对自己所报的成本、单价负责，由此承担工程价格波动的风险。而工程量的计算错误或变更所产生的风险则相应地由招标单位来负责。因此，工程量清单计价招投标方式更符合风险共担与责、权、利关系对等原则，可以同时保障招投标双方的利益。

（4）如何实施工程量清单计价招标工作

招标单位在施工方案、初步设计或部分施工图设计完成后，可委托招标代理机构按照当地统一的工程量计算规则，以单位工程为对象，计算列出各分部分项工程的工程量清单，并附有相关施工内容说明，作为招标文件的组成部分发放给各投标单位。要想有效地实施工程量清单计价招标，就得保证工程量清单编制的准确程度，这取决于工程项目的设计深度以及编制人员的技术水平和经验。工程量清单为投标者提供了一个共同的投标基础，也便于招标人评标定标，进行价格比选，合同总价调整与工程结算等工作的实施。在有标底招标的情况下，标底编制单位按照工程量清单计算直接费，进行工料分析，然后根据现行定额或招标单位拟定的工、料、机价格和取费标准、取费程序及其他条件计算综合单价，包括直接费、间接费、材料价差、利润、税金的所有费用和综合总价，经汇总成为标底。投标人根据工程量清单及招标文件的内容，综合考虑自身实力和竞争形势，评估工程施工期间所要承担的风险因素，提出有竞争力的综合单价、综合总价、总报价及相关材料进行投标。另外，在项目招标文件和施工承包合同中，都规定了中标单位投标的综合单价在结算时不作调整，当实际施工工程量超过原工程量一定范围时，可以按实际调整，即调量不调价。而对于不可预见的工程施工内容，可以采取虚拟工程量招标单价或明确结算时补充综合单价的办法。

采用工程量清单计价招标，可以更加充分考虑经济、技术、质量、进度、风险等因素，并将其体现在综合单价的确定上，既有助于投标方投标报价，更便于招标方实施工程项目管理。

（二）评标问题

评标办法是招标文件不可或缺的组成部分。体现了招标人选择中标人的标准，指导投标人按招标人的意识和要求进行投标决策，指引投标人如何竞争，是评标委员会评标的依据，是评标工作的游戏规则。游戏规则的合理与否直接关系到评标结果的合理与否，从而决定招投标结果的质量。作为游戏规则，评标办法不仅包含评标的标准和方法，还应约定评审程序、评审内容、评审方法、评审条件和标准、评标委员会组成及来源、确定中标人的原则等诸多问题。

评标的目的不仅在于确定中标人，而且有助于招标人与中标人之间形成并订立一份可执行的合同，通过评标，招标人和投标人对招标文件和投标文件的理解达成一致，并将所有可能导致合同执行过程中出现纠纷的问题解决在双方签约之前。评标办法正是对此项工作的指导。由评标办法决定的评标过程甚至可以理解为评标委员会代招标人与潜在中标人进行合同谈判的过程。评标办法是体现招标投标活动之“三公”原则以及科学择优原则的重要手段。

评标办法体现的基本原则：公开、公平、公正、诚实信用、科学、择优。上述原则中，公开性原则对评标办法来说是最为重要的。

招标文件与评标办法之间的呼应关系。评标办法是招标文件不可或缺的组成部分，其与招标文件其他组成内容有不可分割的联系。招标文件其他组成部分需要与评标办法相互呼应和衔接。例如，投标须知需要对构成废标的要求进行详细和明确的规定。再如，采用经评审的最低投标价法评标时涉及的需要投标人提交的文件资料，有些需要包括在投标文件中，有些则是在评标委员会质疑时才需要投标人提交，投标须知中应当就此提出明确要求。

（三）综合评估法

“综合评估法”特征和适用范围。“综合评估法”的要义和法律内涵是通过评审，判断投标文件能否最大限度地满足招标文件规定的各项综合评价标准。关键问题之一是“招标文件规定的各项综合评价标准”。“招标文件规定的各项综合评价标准”应划分为两类：一是必须满足招标文件中开列的实质性条件或要求。一般通过废标条件来表达，以定性的方式评审，得到的成果应该是“有效投标”。二是体现竞争、区分优劣的条件或要求。一般不外乎商务部分（投标报价）和技术部分（施工组织设计）。至于企业信誉和综合实力部分，通过定性评审和定量评分，可以得到带排序的中标候选人。关键问题之二是何为“最大限度地满足”？最简捷、合理的方式就是首先筛选出满足招标文件实质性要求的投标人，对其中体现竞争性要求的各项评价标准分别评审并量化打分，最后综合加权，得分最高的就是“最大限度地满足”。

以上两个关键问题的分析与解决体现了综合评估法这一评标办法的核心内容。各项竞争性评价标准之间的权重分配体现了招标人对其重视程度，技术部分中还可以进一步划分不同的评分因子，以体现招标项目的特点。在此建议商务部分直接按总价评分，报价构成的合理性通过清标和质疑程序解决。实际操作中，有些地区商务部分不按总价评分，而是划分成进一步的评分因子，如分部分项工程报价、措施项目报价、主要材料设备报价等若干小项。

综合评估法适用范围：建设规模大，技术复杂，工期长，施工方案对质量、工期和造价影响大，工程管理要求高的施工招标的评标。在没有彻底解决如何判定投标价格是否低于成本的情况下，综合评估法有更广泛的适用空间，对于不得低于成本的要求，回避这一问题的空间较大。

（四）经评审的最低投标价法

“经评审的最低投标价法”的要义和法律内涵是通过评审，判断投标文件能否满足招标文件的实质性要求，并且经评审的投标价格最低，但是投标价格低于成本的除外。关键问题之一是“投标文件能否满足招标文件的实质性要求”。一般通过废标条件来表达，以定性的方式得出评审结论，从而得到“有效投标”。关键问题之二是如何判断投标价格不低于成本。实践中很难找到简捷有效的方法判定投标价格是否低于成本，因此限制了此类评标办法的使用。困难主要来自如何界定成本，并且此处的成本是指投标人的个别成本，投标人的个别成本千差万别，很难让评标委员会在短时间内做出判断，并且这种判断的影响又如此之大。对以上关键问题的分析与解决正是经评审的最低投标价法评标办法真正的核心内容。

经评审的最低投标价法适用范围：建设规模相对较小，技术成熟或采用通用技术，工期较短，施工方案对质量、工期和造价影响不大，工程管理要求不高的施工项目招标评标。

第三节　完善我国建筑工程招投标工作的对策

建筑工程招投标作为一种典型的经济行为，是我国社会主义市场经济的重要组成部分。完善建筑工程招投标是我国市场经济体制改革的重要内容，也是促使我国建筑业健康发展的重要手段。完善我国建筑招投标工作可以从以下几个方面入手：

一、建立统一的建筑工程交易市场监管机构

设立中央政府和省、直辖市、自治区两级统一的管理机构执行建筑工程交易市场的行政监督管理，制定统一的标准和规范，改变目前多部门监管的现状，彻底开放行业的限制。

充分发挥行业协会的作用，由招投标行业协会依照国家法律法规按照统一的标准进行招投标代理资格认定等事务性管理工作。

在全国各大中城市建立招标采购交易中心，集招标、评标、开标、信息、咨询、支付等服务与管理功能于一体，各招标采购交易中心各建信息数据库，相互联网，实现招标项目信息、投标单位资信及评标专家信息的共享，既方便承发包双方及中介机构的交易活动，又有利于管理部门的集中指导监督。

二、加大对建筑市场主体行为的监管

（一）建设单位行为的监管和规范策略

由于政府投资的项目或由政府参股的工程项目其建设单位并非真正意义上的业主，因此，建设单位的不规范行为也主要发生在这类项目中。规范建设单位行为主要从以下方面着手：

积极努力探索和完善政府投资建设工程项目的管理模式，从制度上规范建设单位的行为。

加大对政府投资建设工程项目招投标的监管，并分阶段对整个招标过程进行监管。在招标时，应对其发布招标公告的范围进行严格监督，促使调动其更广泛的市场积极性，从而使建设单位的行为得以收敛、规范；在评标时，应对评标委员会的组成以及标底的保密情况进行严格的监督管理，规避建设单位操纵评标的可能性；开标定标时，应对中标人在等同于发布招标公告的媒体上进行公示，接受社会的监督。

（二）建筑施工承包商行为的监管和规范策略

规范建筑施工承包商的行为，可以从以下几个方面入手：

在全社会范围内建立建筑领域的企业信誉档案。市场经济也是信誉经济，在全社会范围内建立建筑领域的企业信誉档案，可以有效地对企业形成道德和市场两方面的约束，从而规范建设施工承包商的行为。

继续加大对在招投标活动中围标、串标企业的调查和惩处力度。加大对招投标活动中的违规行为的调查力度及其惩处力度，使建筑施工承包商在投标过程的博弈中放弃侥幸心理，规范运作。

邀请舆论媒体关注整个招投标活动，特别是评标阶段，尽可能大地增加招投标的透明度，借用舆论媒体对施工承包商的行为进行监管，从而达到规范的目的。

敦促建筑施工承包商根据自身施工管理水平，建立企业定额，以减小其在投标报价时的盲目性，增强市场竞争力。政府管理部门定期组织专家对建筑施工企业的定额与其施工管理水平的一致性进行评估，并在对建筑施工企业资质进行分级评价时，将经过评估后的企业定额作为一项评价指标。

（三）中介组织机构行为的监管和规范策略

规范中介组织机构的行为，可以从以下几个方面入手：

组建成立行业协会，建立与中介组织机构服务相应的行业协会及行业准则。通过脱钩改制，组建独立的招投标代理等中介组织机构，并成立与中介组织机构服务相应的行业协会，建立行业准则，从权、责、利等诸方面规范中介组织机构的行为。

建立健全招投标代理等中介组织机构的市场准入和退出制度。通过推行市场准入和退出制度，形成一种优胜劣汰的市场净化机制。

推行个人职业资格制度。招投标代理及工程咨询等中介服务属于咨询工作的范畴，其强调的是个人的能力、素质和水平，因此，应将目前我国实行的针对中介组织机构的职业资格管理转变为对其从业人员的资格管理，建立招投标代理个人执业资格制度、个人诚信档案及其问责制度。

建立中介组织机构及其从业人员的信誉评价制度。以推行招投标代理个人职业资格制度、建立个人诚信档案为契机，形成由招投标行业协会对从业人员的信誉进行评价，进而对其所在单位进行评价的管理制度。

三、推行互联网招投标，建立统一、开放的建筑工程交易市场

（一）推行互联网招投标的现实意义

有利于打破地方保护和行业垄断，建立统一、开放的建筑工程交易市场；有利于政府实现对建筑工程招投标的统一监督和管理；有利于克服主观人为因素对招投标的影响，保证工程招投标的公平、公正；可以有效地缩减招投标程序，降低招投标成本，节约社会资源。

（二）互联网招投标系统功能设计

要实现互联网招投标，首要的是建立一个科学、合理的招投标网络系统。该招投标网络系统应由政府管理部门进行建设管理，且应包括以下功能：

1.建设项目信息管理

这一功能主要是对建设项目的报建审批情况、建设资金的来源情况等进行审查管理。

2.建筑工程交易市场主体管理

这一功能主要包括：建设单位性质及其资质能力管理与审核；工程承包单位资质和信誉管理与审核；中介组织机构资质和信誉管理与审核。

3.招投标相关信息发布与查询

这一功能主要实现招投标初期招标公告的发布、后期中标信息的发布、招投标双方的资信情况查询及其过程中的其他信息的发布与查询。

4.文件的上传及下载

这一功能主要实现招标书的上传与下载、投标书的上传与下载以及其他一些质疑、答疑文件的上传与下载。

5.评标专家信息库管理

这一功能主要实现对具有评标能力的专家按照专业类别等进行划分管理，及在评判过程中按照工程类别进行随机抽取。

6.评标、开标

这一功能主要实现对投标人商务标的评审，以及最终评审结果的综合计算。

7.电子支付

这一功能主要实现投标人对标书的认购支付。

（三）互联网招投标系统及工作流程构想

1.招标人在招投标系统网络平台上注册一个用户，进入系统填写拟建工程项目招标申请书，提交招标人的合法证明、拟建项目报建审批文件及建设资金来源证明等信息，并加注电子签名，提交系统进行审核确认。

2.系统对招标人提交的信息进行审核，如果不符合要求则在说明原因后拒绝申请；如果审核通过，则系统返回申请确认，并在投标人确认后分配给招标人一个专用于该项目招标的项目用户名、识别密码和账户。

3.招标人在招投标系统网络平台上输入项目用户名和识别密码登录系统，按照系统中格式发布招标公告，并上传发售招标书。

4.招投标管理系统数据库中的满足招标工程资质要求的工程承包单位响应招标公告，通过电子支付认购、下载招标书。对于不满足招标工程资质要求的工程承包单位，系统自动过滤。

5.投标人对招标书中不清楚的问题通过网络平台质询，招标人通过系统网络平台进行答疑反馈。

6.投标人上传标书进行投标。在开标之前，所有的投标书均由系统管理，包括政府管理部门和招标人在内的任何一方都不可见。

7.系统自行对投标人的商务标进行排序，同时，从专家库中随机抽选专家对技术标进行评审，并将评审结果反馈于系统。

8.系统综合商务标、技术标的评审结果，以及各投标人的资信情况进行综合评审排序，择优选出中标人。

9.系统发出中标确认，中标人支付签约保证金并确认中标。

10.系统在网络公开平台发布中标公示。

11.招标人与中标人签订承包合同，系统备案。

在上述的工作流程中，为了便于系统进行自动识别，包括招标申请书、招标文件、投标文件、技术标评审反馈结果在内的用“人机”交流的一切文本文件都应采用系统识别的统一格式。

四、建立以市场竞争为主导的建筑产品价格形成机制

建立以市场竞争为主导的建筑产品价格形成机制，将建筑产品价格交由市场来决定，是实行招投标制度的核心所在。分析目前我国建筑产品价格的形成，究其根本原因还是在于我国的建筑施工企业没有建立起能够真实反映自身技术和管理水平的企业定额。

建筑产品价格有广义和狭义之分。广义的建筑产品价格是指由建筑产品的发包方与承包方两方面的费用和新创造的价值所构成的；而狭义的建筑产品的价格是指建筑产品的发包方为建筑产品的建造而向承包方支付的全部费用，是建筑产品的“出厂价”。在建筑工程交易市场，建筑产品的价格多指其狭义价格。

在建筑工程招投标阶段，建筑产品价格的计算，主要涉及建筑产品的工程量、相应的（人、材、机）消耗量定额及其价格，以及管理费费率、规费费率、利润率、税率等几个要素。而在这几个要素之中，对同一建筑产品而言，其工程量、规费费率和税率一般是相对确定的，唯消耗量定额及其价格、管理费费率、利润率是不确定的，由各建筑施工企业根据自身的技术管理水平而决定的。因此，建立以市场竞争为主导的建筑产品价格形成机制的突破点就是敦促建筑施工

企业根据自身的施工管理水平建立自己的企业定额，并以此为基础投标竞价，这样脱离政府管理部门编制的定额而形成的建筑产品价格就是市场价格。换言之，建立以市场竞争为主导的建筑产品价格形成机制，就是让施工企业建立自己内部的企业定额，在投标竞价中最大限度地发挥自己的价格和技术优势，并不断提高自己企业的管理水平，推动竞争，从而在竞争中形成一个良性的市场机制。

五、建立以工程担保（保险）为基础的市场约束机制

工程担保是指在工程建设活动中，由保证人向合同一方当事人（受益人）提供的，保证合同另一方当事人（被保证人）履行合同义务的担保行为，在被保证人不履行合同义务时，由保证人代为履行或承担代偿责任。

在工程建设领域引入工程担保机制，增加合同履行的责任主体，根据企业实力和信誉的不同实行有差别的担保，用市场手段加大违约失信的成本和惩戒力度，使工程建设各方主体行为更加规范透明，有利于转变建筑市场监管方式，有利于促进建筑市场优胜劣汰，有利于推动建设领域治理商业贿赂工作。

（一）以工程担保（保险）为基础的市场约束机制的体系构成

1.工程担保（保险）的类别和模式

目前，国际上常用的工程担保（保险）主要有投标担保、履约担保、业主支付担保、付款担保、保修担保、预付款担保、分包担保、差额担保、完工担保、保留金担保等几种形式。这些不同形式的工程担保，其差异主要体现在申请担保内容的不同、申请担保主体的不同。

关于工程担保（保险）的模式，主要有由银行充当担保人，出具银行保函；由保险公司或专门的担保公司充当担保人，开具担保书；由一家具有同等或更高资信水平的承包商作为担保人，或者由母公司为其子公司提供担保；“信托基金”4种模式。目前，国际上通用的工程担保形式是以保函形式的保证担保。我国工程担保的主要形式是银行出具保函。所谓银行保函是银行向权利人签发的一种信用证明。若被担保人因故违约，银行将按约定付给权利人一定数额的赔偿金。银行保函根据担保责任的不同，又分为投标保函、履约保函、维修保函、预付款保函等。其中，履约保函有两种类型：一种是无条件履约保函，亦称“见索即付”，即无论建设单位何时提出声明，认为承包商违约，只要其提出的索赔日

期、金额，在保函有效期和担保限额内，银行就要无条件地支付赔偿；另一种是有条件履约保函，即银行在支付赔偿前，建设单位必须提供承包商确未履行义务的证据。世界银行招标文件、合同文件中提供的银行履约保函格式，都是采用无条件履约保函的形式。

2.以工程担保（保险）为基础的市场约束机制的体系构成

工程担保的类别和模式很多，但无论何种类别、何种模式的工程担保，其参与主体无外乎建设单位、承包商和担保人三方。这三方以工程建设为出发点，以各种类别和模式的担保为核心，相互依赖，相互制约，从而形成建筑市场的约束体系。

（二）以工程担保（保险）为基础的市场约束机制的作用机理

以工程担保（保险）为基础的市场约束机制的运行主要经历这样3个环节：

为了工程建设，建设单位要求承包商就投标、履约、保修及工期等内容进行担保，同时，对自己工程价款的支付寻求担保；承包商为了投标承包工程内容，须按建设单位的要求寻求担保；担保人在接受建设单位或承包商的担保申请之前，须对建设单位的资金来源及落实情况、信誉及履约情况等进行考查和审查，须对承包商的业务能力、资信状况、履约情况等进行考查和审查，最终决定是否提供担保。

在上述3个紧紧相扣的环节中，起最终约束作用的是担保人的担保。首先，担保人为了接受某工程担保，需要对申请担保人进行严格的考查和审查，接受合格的，拒绝不合格的，这就大大限制了不合格的承包商参加投标与工程承包活动。其次，担保人一旦接受了某一工程担保，必将承担担保责任，其会在工程招投标及建设全过程对被担保人的行为进行全程的考核、监督，从而约束被担保人的行为，使其强化合同意识，履行合同内容。即使被担保人在中途违约，担保人也可以通过建立信誉档案等制约被担保人以后在建筑市场的竞争力。

综上分析，建立健全以工程担保（保险）为基础的市场约束机制，对于规范我国建筑工程交易市场主体行为，及完善我国建筑市场运行机制具有重要的意义。

六、积极推行招标代理制度，完善建筑工程招投标运行机制

（一）建筑工程交易市场推行招标代理制度的现实意义

在建筑工程交易市场推行招标代理制度具有以下现实意义：

在建筑工程交易市场推行招标代理制度是完善建筑工程交易市场运行机制的需要。招标代理机构作为建筑工程交易市场联系招标人和投标人的中介机构，也是建筑工程交易市场重要的参与主体。它们三者共同运动作用，构成了建筑工程交易市场基本的运行体系。近年来，随着我国基础建设的加大，建筑市场空前繁荣，使得越来越多的招标人需要通过委托代理招标，解决自身在专业技术力量和招标能力不足等方面的难题。与此同时，政府监督管理部门也希望通过市场机制自身的运行来维持招投标活动依法公正、规范地开展。在这种背景下，招标代理机构应运而生，为工程建设招标提供智力服务，建起招标人和投标人之间的纽带，同时还对建设工程的招投标起到一定的社会监督作用。因此，可以说在建筑工程交易市场推行招标代理制度是完善建筑工程交易市场运行机制的需要。

在建筑工程交易市场推行招标代理制度是深化建筑市场改革，防止腐败的需要。在建筑工程交易市场推行招标代理制度，使招标代理机构成为建筑工程交易市场新的参与主体，打破了原有的市场分配格局，使建筑市场的交易更趋于科学和合理。招标代理机构一方面以其自身的专业技能为招标人提供智力服务，弥补了招标人在专业技术力量和招标能力不足等方面的问题，使建设工程招标工作规范有序进行；另一方面招标代理机构作为一个独立的社会群体，介入建筑工程交易过程，也对招标人和投标人进行社会监督，有效防止在招标过程中以权谋私、索贿受贿等不正当行为和腐败现象的发生。

在建筑工程交易市场推行招标代理制度是我国建筑市场在国际建筑市场大环境中改革与发展的必然。目前，国际上进行工程招标的普遍做法是业主将招标前期的准备工作及招标、评标等事务全部委托于招标代理机构代理。而我国目前，招标代理机构兴起不久，一方面招标代理机构自身建设还不够成熟，另一方面业主对招标代理的认识还不足，即使委托某招标代理机构从事代理工作，也对招标工作干涉太多，使得招标代理机构无法独立工作。由于这种情况，使我国招标代理机构的发展一度受挫。但是，随着全球经济的一体化，我国的建筑市场已融为国际建筑市场的一部分，为了使我国的建筑市场能在国际建筑市场的大环境中良

好运行，在我国建筑工程交易市场推行招标代理制度是我国招投标制度改革与发展的必然。

（二）建筑工程交易市场推行招标代理制度的策略

脱钩改制，组建完全独立的招标代理机构。工程招标代理机构作为一个提供智力服务的中介机构，其应该是独立的，能客观、公平地对待业主与投标人两大建筑市场交易的主体，不偏袒其中任何一方，也不应受其中任何一方或第三方的干扰。但是，目前我国大多数工程招投标代理机构与政府管理部门存在严重的附属关系，这严重影响了招标代理机构作为中介机构应有的独立性。因此，在建筑工程交易市场推行招投标代理制度，必须使招标代理机构脱离与政府管理部门的附属关系，脱钩改制，组建完全独立的招投标代理机构。

加强自身建设，提高从业人员的综合素质。招投标代理是一项较复杂的系统工程，其涉及国家法律法规、市场信息、商务、技术及合同等诸多内容，同时，它又涉及规划、设计、土建、安装、装饰等诸多领域，这就要求招标代理机构必须拥有工程建设专业领域里的各种综合性人才，以为招标人提供更优质的服务。然而，目前我国招投标代理行业从业人员水平良莠不齐，无法满足招投标行业发展的需要。因此，必须加强招投标从业人员的自身建设，提高从业人员素质。

加强招投标代理法规制度建设。招标代理缺乏相应的、统一的组织管理机构，给招标代理的监管带来了许多的不便，这也是目前国内招投标活动极不规范的主要原因之一。因此，为了确保招标代理行业的整体素质，防止在招标代理过程中弄虚作假等违规现象发生，必须尽快制定相关实施细则；通过完善法规制度，使管理部门有法可依，使招标人和招标代理机构有章可循；通过完善监督措施，来规范招标代理行业的整体行为，保证招标活动公平、公正地开展。

加大引导与宣传力度，为推行建筑工程招标代理制度营造良好的外部环境。一方面，政府要加强正确的引导和宣传，让社会重新认识招标代理机构在工程招标中的性质、功能和作用，改变招标代理机构在人们心目中的“皮包公司”形象，同时，通过建立和完善设计招标代理制度，维护招标代理的独立性和客观性；另一方面，招标代理机构要加强自身建设，通过提供优质服务，展现代理招标的社会价值，树立良好的社会形象，并在实践中不断总结创新，充分发挥代理招标在规范招投标活动中的重要作用。

七、建立健全招投标体制，确保建筑工程招投标机制有效运转

从管理学角度来说，“体制”是指国家机关、企事业单位的机构设置和管理权限划分及其相应关系的制度，其包含两个要素，一是“组织机构”，二是“规范制度”。

对于建筑工程招投标体制而言，“组织机构”是指运行建筑工程招投标机制的各级政府管理机构，“规范制度”主要是指建筑工程招投标机制和确保建筑工程招投标机制发挥作用的运转制度两个方面。换言之，建筑工程招投标体制可定义为：由运行建筑工程招投标机制的各级政府管理机构、建筑工程招投标机制，以及确保建筑工程招投标机制发挥作用的运转制度等诸方面构成的统一体。其中，建筑工程招投标管理机构主要承担建立健全招投标机制和宏观调控招投标运行的职能，招投标机制是为招投标运行模式的设计与运行提供全面周密的思想指导，招投标运转制度为招投标各参与主体提供具体的行为规范。

第六章　建筑工程项目成本管理

第一节　建筑智能化工程项目成本及成本管理的理论

一、建筑智能化工程项目成本的概念及构成

（一）建筑智能化工程项目成本的概念

建筑智能化工程项目成本是指承包方以建筑智能化项目作为成本核算对象，在建筑智能化过程中所耗费的生产资料转移价值和劳动者的必要劳动所创造的价值的货币形式。亦即某建筑智能化工程项目在建筑智能化中所发生的全部生产费用的总和，包括所消耗的主、辅材料，构配件，周转材料的摊销费或租赁费，建筑智能化机械的台班费，支付给生产工人的工资、奖金以及项目经理部（或分公司、工程处）为组织和管理工程建筑智能化所发生的全部费用支出。建筑智能化项目成本不包括劳动者为社会所创造的价值（如税金和计划利润），也不应包括不构成建筑智能化项目价值的一切非生产性支出。建筑智能化项目成本是建筑智能化企业的主要产品成本，亦称工程成本，一般以项目的单位工程作为成本核算对象，通过各单位工程成本核算的综合来反映建筑智能化项目成本。

在建筑智能化工程项目管理中，最终是要使项目达到质量高、工期短、消耗低、安全好等目标，而成本是这四项目标经济效果的综合反映。因此，建筑智能化工程项目成本管理是核心。

（二）建筑智能化工程项目成本的构成

建筑智能化工程项目成本由直接费、间接费、利润和税金组成。直接费包括直接工程费和措施费。间接费包括规费和企业管理费。

税金与企业管理费中的税金的区别。建筑智能化工程税金是指国家税法规定的应计入建筑智能化工程造价的营业税、城市维护建设税及教育费附加，而企业管理费中的税金是指企业按规定缴纳的房产税、车船使用税、土地使用税、印花税等。建筑智能化工程项目成本一般可分为项目预算成本、项目计划目标成本、项目实际成本。

二、建筑智能化工程项目成本管理的概念及相关理论

（一）建筑智能化工程项目成本管理的概念

项目成本管理是企业的一项重要的基础管理工作。成本管理关系到一个企业的经济效益，关系到企业的生存和发展。结合建筑智能化企业本行业特点，该类企业需要以建筑智能化过程中直接耗费为原则，以货币为主要计量单位，对项目从开工到竣工所发生的各项收、支进行全面系统的管理，以实现建筑智能化工程项目成本最优化目的的过程。建筑智能化企业需要提高市场竞争力，要在建筑智能化工程项目中以尽量少的物化消耗和活劳动消耗来降低工程成本，把影响工程成本的各项耗费控制在计划范围内，实现成本管理。项目成本管理主要包括成本计划的编制和成本控制两大方面。

工程项目成本管理由于自身所处的重要地位，已经成为建筑企业经济核算体系的基础，是企业成本管理中不可缺少的有机组成部分。但是，工程项目成本管理同时又与企业成本管理存在着原则的区别。既不能简单地把企业成本理解为工程项目成本的数字叠加，也不能盲目地把工程项目成本理解为企业成本的直接分解。这两种倾向都将导致工程项目成本管理走入误区。

工程项目成本管理和企业成本管理的区别：

第一，工程项目和建筑智能化企业分别是企业的成本中心和利润中心。工程项目作为建筑智能化企业最基本的工程管理实体以及企业与业主所签订的工程承包合同事实上的履约主体，肩负着对建筑的建筑智能化全面、全过程管理的责任。这种基本管理模式变革，促使建筑智能化企业将其管理重心向建筑智能化项

目下沉，以适应建筑市场日益激烈的竞争形势，求得企业生存、发展的空间。所谓工程项目是企业的成本中心，是指建筑设备的价格在合同内确定之后，企业剔除产品价格中的经营性利润部分和企业应收取的费用部分，将其余部分以预算成本的形式，并连同所有涉及建筑设备的成本负担责任和成本管理责任，下达转移到建筑智能化项目，要求建筑智能化项目经过科学、合理、经济的管理，降低实际成本，取得相应效益。

第二，建筑智能化项目成本管理与企业成本管理相比具有鲜明的自身特征。对于工程项目成本管理，不能简单地认为把建筑企业的成本核算内容和方法下移至建筑智能化中，就可以自然形成，并发挥预期的作用。事实上，工程项目成本管理是对建筑智能化项目成本活动过程的管理，这个过程充满着不确定因素。因此，它不仅仅局限在会计核算的范畴内。工程项目成本核算具有自己独有的规律性特点，而这些特点又是与工程项目管理所具有的本质联系在一起的。

（二）建筑智能化工程项目成本管理的内容及特点

1.建筑智能化工程项目成本管理的内容

（1）确定目标成本

任何项目都具有特定的目标，这是项目管理的一个特点，在成本管理中必须确定目标成本即采用正确的预测方法，对工程项目总成本水平和降低成本可能性进行分析预测，提出项目的目标成本。这个目标值可以为正确的投标决策提供根据，也可以对各方面的管理提出要求，以确保项目的最佳经济效益。

（2）开展目标成本管理

目标成本要横向纵向地展开管理，形成一个目标成本体系，实现纵向一级保一级，横向关联部门明确责任，加强协作，使项目进展中每个参与单位、每个部门都承担义务，来保证总体目标的实现。

（3）编制成本计划

成本计划是确定项目应达到的降低成本水平，并制定措施，使之实现的具体方案与规划。目的是最大限度地节约人力物力，保质保量按期完成项目建设。编制成本计划是实现项目管理计划职能，提前揭露矛盾，协调工程项目有序地达到预期目标成本的手段，也是项目总计划的重要组成部分。编制项目成本计划，要与设计、技术、生产、材料、劳资等部门的计划密切衔接，综合反映项目的预期经济效果。

（4）成本控制

成本控制是在既定工期、质量、安全的条件下把工程实际成本控制在计划范围内。成本控制要通过目标分解、阶段性目标的提出、动态分析、跟踪管理、实施中的反馈与决策来实施成本控制；以直接费的监测为成本控制中心，不断地对工程项目中各分项工程的实物工程量的工程收入，以及支付的生产费用加以统计，如发现超支趋势，及时采取补救措施。

（5）成本考核

成本考核是对项目的经济效益，对成本管理成果的检验。在项目进行的不同阶段要考核，在项日的不同单位工程上也要考核。成本考核是项目建设成果考核的一个重要方面。在成本考核中，主要考核降低成本目标完成情况、成本计划执行情况，项目成本核算中有关口径和方法是否正确，是否遵守了国家规定的成本管理方针、政策和制度，以便对项目的成本管理做出评价。

（6）成本分析

成本分析是指分析项目成本的升降情况、经济效益与管理水平的变化情况，各项目成本的收支变化情况，从而总结人工费、材料费、机械费、其他直接费和管理费的耗用情况，提出影响成本升降的原因；总结经验教训，寻求降低项目成本的途径。

（7）成本档案管理

建立项目成本档案具有重要的意义，一个项目建设完成，成本管理要投入大量的图、表、账簿、计算底稿和文字资料，这些都是宝贵的信息资料，应当认真整理，立卷归档。这对积累经验、提高项目成本管理水平、充实企业的“信息库”会带来很多的方便。

综上所述，建筑智能化项目成本管理系统中每一个环节都是相互联系和相互作用的。概括为成本预测、成本计划、成本控制、成本核算、成本考核和成本分析六个环节。成本预测是成本决策的前提；成本计划是成本决策所确定目标的具体化；成本控制则是对成本计划的实施进行监督，保证决策的成本目标实现；而成本核算又是成本计划是否实现的最后检验，它所提供的成本信息又对下一个建筑智能化项目成本预测和决策提供基础资料；成本考核是实现成本目标责任制的保证和实现决策目标的重要手段；成本分析是发现成本超支问题以及解决方法。

2.建筑智能化工程项目成本管理的特点

智能化工程建筑智能化项目成本管理系统是一个涉及人、财、物、信息、时间等因素，涉及国家基本建设计划、各项经济政策、智能化市场等外界环境因素，以及企业内部以工程项目为核心的各专业职能部门（经营、生产、计划、技术、质量、安全、材料、设备、劳资、财务、政工、后勤和行政等）多层次多变量的复杂的分散结构系统，其内部各环节、各方面都处在一种多因素的交错综合、相互作用的非线性运动中，并与外界不断交换物质和能量的信息。这就使工程项目成本管理有其自身的特殊性，其主要特点有：确定项目的目标成本，为编制标书报价提供依据，尽量为中标创造条件；在中标价格的基础上，编制建筑智能化成本计划；参与制定建筑智能化项目目标成本保证体系，协调项目经理部各有关人员的关系，相互协作，解决项目目标成本在实施过程中出现的问题；开展项目目标成本管理活动，设计出建筑智能化工程项目的“成本方案”，使项目成本总目标落到实处，包括目标分解，提出阶段性目标，实施目标检查、考核和控制等；向项目经理部各有关部门提供成本控制所需要的成本信息；计算出成本超支额，调查引起超支的原因并提出应采取的纠正措施的建议和方法；对成本进行预测，按项目经理要求，定期提出项目的成本预测报告；监视项目成本变化情况并及时将影响成本的重大因素向项目经理报告；对建筑智能化项目的变更情况做出完整的记录，对替换用设计方案提出快速、准确的成本估算，并与索赔工程师商定索赔方案；向企业和信息中心反馈成本信息并存储；对项目经理部各个部门的成本目标进行考核。

（三）建筑智能化工程项目成本管理流程

建筑智能化项目成本管理的程序是指从成本预测开始，经编制成本计划，采取降低成本的措施，进行成本控制，直到成本考核为止的一系列管理工作步骤。

按照建筑智能化工程项目成本管理流程图，根据其工作内容所设计的时间系列划分，可以将建筑智能化工程项目成本管理分为事前成本控制、事中成本控制和事后成本控制。这三个阶段实际上涵盖了项目实施的全过程，任何一个阶段的工作出现缺陷，发生偏差，或者出现不可预测的事故，都会产生成本失控的问题，给项目或者企业带来严重的损失。

1.事前成本控制

事前成本控制是指在建筑智能化项目成本发生之前，对影响建筑智能化项目成本的因素进行规划，对未来的成本水平进行预测，对将来的行动方案做出安排和选择的过程。事前成本控制包括成本预测、成本决策、成本计划等工作环节，在内容上包括降低成本的专项措施选择、成本管理责任制以及相关制度的建立和完善等内容。事前成本控制对强化建筑智能化项目成本管理极为重要，未来成本的水平高低及其发展趋势主要由事前成本控制决定。

2.事中成本控制

事中成本控制亦即过程控制，是在建筑智能化项目成本发生过程中，按照设定的成本目标，通过各种方法措施提高劳动生产率，降低消耗的过程。事中成本控制针对成本发生过程而言所用的主要方法主要有标准成本法、责任成本管理、班组成本核算、合理利用材料、建筑智能化的合理组织和安排、生产能力的合理利用以及建筑智能化现场管理等。事中成本控制首先要以建筑智能化项目成本计划、目标成本等指标为标准，使发生的实际不超过这些标准。其次要在既定的质量标准和工作任务条件下，尽可能降低各种消耗，使成本不断下降。事中成本控制的内容大多属于建筑智能化项目日常成本控制的内容。

3.事后成本控制

事后成本控制是在建筑智能化项目成本发生之后对成本进行核算、分析、考核等。严格地讲，事后成本控制不改变已经发生的工程成本，但是，事后成本控制体系的建立，对事前、事中的成本控制起到促进作用。另外，通过事后成本控制的分析考核工作，可以总结经验教训，以改进下一个同类建筑智能化项目的成本控制。

第二节 建筑施工企业工程项目质量成本预测

质量成本预测是质量成本管理环节中的一个重要环节，是质量成本管理开始的一个环节，对质量成本预测进行研究具有重要的意义。

一、工程项目开展质量成本预测的意义

在工程项目质量成本管理活动中，质量成本预测是质量成本管理方案决策和实施的基础，其具体意义如下所述。

（一）是总结经验和提高学习的过程

一个工程项目在开工前，应该对工程项目的质量成本进行预测，收集国内外同行业的质量成本数据，不断总结经验，为以后工程项目的质量成本预测提供参考的依据。

（二）是质量成本目标决策的基础

质量成本预测的作用之一就是能够使质量成本管理人员着眼于未来，从全局的角度出发来进行决策，使项目能够根据发展状态，及时采取相应的措施。如果没有进行质量成本的预测，就进行质量成本的决策，这样作出的决策是没有保障的，找不到依据，所以质量成本预测是质量成本决策的基础。

（三）是编制质量成本计划的依据

工程项目的质量成本预测是在编制项目质量成本计划时必不可少的科学分析阶段，要想制订合理的质量成本计划，就必须以质量成本的预测为基础，质量成本预测为选择最优计划方案提供科学的依据。

二、工程项目质量成本预测的原则

工程项目质量成本预测的原则主要有以下几个方面。

（一）充分性原则

在对工程项目进行质量成本预测时，应该充分考虑到影响质量成本的诸多因素，并对这些影响因素进行分析，权衡他们与质量成本的内在联系，建立实用的质量成本预测模型。

（二）相关性原则

各种质量成本的预测模型适用于不同的条件，在进行预测模型选择时应该遵循相关性原则。

（三）时间性原则

一般来说，质量成本的预测期越短，定量预测的精度相对来说越高；相反，质量成本的预测期越长，定量预测的精度就越低。所以，在进行质量成本预测时应该根据工程项目时间的长短，对质量成本进行不同的预测，所采用的模型也相对来说不同。

（四）客观性原则

质量成本预测的结果是否具有可靠性，不仅在于所选用的预测模型本身是否合理，而且还在于所依据的资料是否完整、准确。所以，在进行质量成本预测时，必须广泛收集和质量成本相关的信息，同时应该重视质量成本管理人员长期积累的实践经验，使定性预测和定量预测相结合，以使质量成本预测结果更具有客观性和合理性。

（五）实用性原则

在对质量成本进行预测时，假如用简单的方法和复杂的方法都能够达到目的，就尽量用简单的方法，避免用复杂的方法。解决问题的方法越简单，效率就越高，成本相对也越低。

三、质量成本预测的程序

对工程项目进行质量成本预测的一般程序可以分为下面五个步骤：

（一）确定预测目标

在进行质量成本预测时，首先应该根据建筑施工企业工程项目总的管理目标以及全面质量管理的要求，确定质量水平与质量成本的最佳值，然后在质量成本预测目标明确的前提下，将目标成本进行分解，以达到最佳的质量成本分配。在各种方案都确定的情况下，再根据预测目标来执行。

（二）收集、检验所需的信息资料

质量成本预测涉及的影响因素种类繁多，要求收集和分析研究的资料比较多，要使收集的信息能够可靠、有用，必须满足下面的条件之一。

能够反映质量水平变化的资料和信息；能够反映施工企业效益变化趋势的信息；能够反映质量成本变化的资料和信息；与质量成本存在一定关系的资料和信息；所收集的资料要有一定的完整性、代表性和真实性。

一般要收集的资料有：通过市场调查，了解业主对质量以及在交房之后保修期内的要求，以便于施工企业采取相应的措施进行改进，确定较合理的质量成本，这种资料通常称为市场调查资料；同行业同质量水平下关于质量成本的信息；国家和地方关于质量水平的规定政策以及国际和国内质量标准发展的动态；所建设的工程在环境影响下的发展与变化；新工艺、新技术的应用；材料等价格的变动情况；有关质量成本方面的历史资料；其他相关资料。

（三）对收集的资料信息进行整理

当收集到足够多的资料信息后，需要把它们整理一下，然后进行分析，去除一些对质量成本预测没有作用的信息，在剩下的信息中对它们进行分析、组织、研究，以便做出正确的判断。

1.建立和运用质量成本预测模型

预测模型是用数学语言或逻辑思维推理来描述和研究某一经济事件与各影响因素之间，或相关性的各经济事件之间数量或逻辑关系的关系。预测模型是对客观事件发展变化的高度概括和抽象的模拟。质量成本的预测模型一般可以分为两类，一种是用于定性预测的逻辑推理模型，另一种是用于定量预测的数学模型，数学模型既可以用数学公式来表达，也可以用图表来表达。

2.修正预测值

用模型预测的质量成本与实际结果会有一定的差距，其主要原因有以下两个方面：第一，因为常常是借助预测模型来预测数据，把过去的资料信息引申到未来而得到的结果，由于未来会出现一些不确定因素，其预测的结果就会与预期的数值存在一定的差异；第二，预测模型总会有一定假设性，由于在预测的过程中会把一些因素给简化，其预测结果很可能与预期的数值不相吻合。所以，为了使预测值比较准确，应该分析各方面的影响因素，对预测的结果进行修正，确保在质量成本管理的过程中预期目标能够实现，这些是通过采用经验丰富的专家所估计的数据来实现的。

3.修正预测模型

对于所预测出来数值应该与工程项目在建设过程中的实际发生值进行对比分析，发现其中所存在的误差大小，便于预测模型的不断完善。

预测值出来以后，应该提出质量改进计划，为编制质量成本计划奠定基础。

（四）质量成本预测的方法

工程项目质量成本预测的方法，对不同性质、不同目的的质量成本的预测方法是有所区别的，但总的来说质量成本预测的方法可以分为定性预测方法、定量预测方法、定性与定量相结合的预测方法三类。

1.定性预测

定性预测是指在对事物进行调查、分析和研究之后，通过运用相关的历史资料和收集到的有关事物的信息资料，对未来质量成本状况所进行的描述性分析和推理，这些要凭借综合分析的主观判断能力和经验。因为定性预测最重要的是要求管理人员要有一定的敬业精神和判断事物的能力，所以在运用定性预测时不仅要对施工企业以前的工程项目的相关资料有深入的研究，而且还要对现在的工程项目的情况有所分析。这种方法简便易行，在资料不多，难以进行定量预测时适用。常用的定性预测方法有如下两种。

（1）调查研究判断法

调查研究判断法是指通过对事物的历史与现状的调查了解，查询有关资料，由专业人员结合经验教训，对今后事物发展方向和可能程度作出推断的方法。传统的调查研究判断法是通过座谈会或者讨论会，将相关专家集中起来，让各方面有经验的专家交换意见，以达到某种一致的结论。这种方法应用比较广泛，但也存在其自身的缺点，其缺点有缺乏代表性、意见不一致等。

（2）特尔斐法

特尔斐法是在考虑到调查研究判断法相关缺点下产生的一种方法。这种方法通过调查以及相关信息的反馈，便于专家进行有组织的、匿名的思想交流，这样做的目的就是减少或者消除面对面会议的缺点。其基本步骤如下：确定质量成本目标并写成信函寄给各位专家；各专家对质量成本目标写出自己的看法，并写出依据；收起专家的意见进行整理归纳，并形成新的预测方案，再次写成信函寄给各位专家，请他们发表意见；重复第三步骤，使各位专家意见趋于一致。

特尔斐法通常用于较长期的预测以及确定的新技术预测或者变更的一些因素确定，这种方法虽然也有缺点，但其使用也比较广泛，尤其是在长期预测中。

2.定量预测

定量预测是利用以往的质量成本数据和影响因素之间的数量关系，通过建立数学模型来推测、计划未来质量成本费用的可能结果。定量预测方法可以分为两类，一类是时间序列分析法，另一类是因果关系分析法。

时间序列分析法是利用有关的质量成本与时间变量之间的某种函数关系，或直接利用收集的时间序列资料借以描述相关的质量成本，依据时间发展变化趋势，并通过趋势外推预测有关的质量成本。时间序列分析法在某种意义上承认了事物发展是具有连续性的，并认为过去的状况在未来的发展里同样会发生。这种方法着重研究的是事物发展变化的内在原因，要求在研究的时候具有完整的历史统计资料及相关信息。

对质量成本进行预测，就是根据事物历史规律预测事物未来的发展，其前提就是要找出事物发展的规律。所以，在收集了事物的一定信息和数据之后，在对质量成本进行预测时该选用哪种预测模型，不是随便选择的，而必须要根据事物发展的规律性来选择。在选择预测模型进行预测前，应该对收集到的相关数据和信息进行分类及研究，然后再选择预测模型。怎样才能够选择较好的数学模型，原则上，要经过下面三个步骤。

（1）数据的辨别

当数据的平稳性、季节性、发展趋势、随机性等基本特征被发现之后，就应该从相应的模型中，选出一种较适合的模型。

（2）寻找模型的最佳参数

在质量成本的预测模型选出来之后，首先就要估算出质量成本的目标值，这样做的目的是使预测模型与质量成本目标值之间的误差能够达到最小，这些通常都是借助计算机来实现的。

（3）检验模型的有效性

在经过前面两步之后，模型已经选择出来，相应的数值也预测出来了。这个模型所预测的数据能不能够应用于实际工程中，还需要检查这些预测数据是否有效。

3.组合预测

从某种意义上来说，定性预测和定量预测的优缺点恰好是相互补充的，在进行质量成本预测时，综合运用定性和定量模型，可以使质量成本预测更符合实际。定性和定量组合的方式主要有下面三类。

（1）定性在前的质量成本预测方法

在进行定量预测前，对一些质量成本有必要进行定性分析，并对采用的数学模型进行适当调整。

（2）定量在前的质量成本预测方法

在进行定性分析前，先用数学模型对质量成本进行定量分析，然后再考虑其他方面的因素，对定量分析进行调整，最后才用定量和定性相结合的综合分析来确定质量成本的预测值。

（3）定性和定量同时进行的预测分析

在进行质量成本预测时，同时应用定性和定量分析相结合，使质量成本预测值更加准确。在实践中，往往是把定性和定量结合起来进行的，有时候很难绝对地把它们区分开来。所以，针对不同的问题，应灵活运用定性定量相结合的综合预测方法。

第三节　建筑智能化工程项目成本的控制研究

一、建筑智能化工程项目成本的事前控制研究

由于项目成本管理具有事先能动性的显著特征，一般在项目管理的起始点就要对成本进行预测，制订计划，明确目标，然后以目标为出发点，采取各种技术、经济和管理措施以实现目标。

（一）建筑智能化工程项目成本的事前控制的基本方法

1.强化成本控制观念

加强成本控制观念，建筑智能化工程项目成本控制不单是项目经理、财务人员的职责，它涉及企业的所有部门、班组和每一位职工，项目成本控制是一个全员全过程的成本控制。建筑智能化工程承包企业要经常加强成本管理教育，强化成本控制观念，只有使企业的每位职工都认识到加强成本控制不仅是企业盈利和生存发展的需要，更是自身经济的需要，成本控制才能在建筑智能化企业成本管理中得以贯彻和实施。

2.加强工程投标管理

建筑智能化企业要根据日常工作的积累、良好的前瞻性以及对市场的敏感度，通过对工程项目事前的目标成本预测控制，确定工程项目的成本期望值，合理确定本企业投标报价。对工程投标项目部的费用进行与标价相关联的总额控制，规范标书费、差旅费、咨询费、办公费等开支范围和标准，以达到降低工程投标成本的目的。

3.加强合同管理

工程中标后，建筑智能化企业要与建设单位签订建筑智能化合同，签订合同时要确保构成合同的各种文件齐全、合同条款齐全、合同用词准确、对工程可能出现的各种情况有足够的预见性，规范的合同管理，有利于维护企业的合法权

益。合同管理是建筑智能化企业管理的重要内容，也是降低工程成本，提高经济效益的有效途径，企业应加强合同管理。

4.搞好成本预测

工程项目中标后，建筑智能化企业要组建以项目经理为第一责任人的项目经理部，项目经理要责成各有关人员结合中标价格，根据建设单位的要求、建筑智能化图纸及建筑智能化现场的具体条件，对项目的成本目标进行科学预测，根据实际情况制订出最优建筑智能化方案，拟定项目成本与所完成工程量的投入、产出，做到量效挂钩。

（二）应用价值工程优化建筑智能化方案的事前成本控制

对同一工程项目的建筑智能化，可以有不同的方案，选择最合理的方案是降低工程成本的有效途径。在建筑智能化准备阶段，采用价值工程，优化建筑智能化方案，可以降低建筑智能化成本，做到工程成本的事前控制。

1.价值工程的主要思想及特点

所谓价值工程，指的是通过集体智慧和有组织的活动对产品或服务进行功能分析，使目标以最低的总成本（寿命周期成本），可靠地实现产品或服务的必要功能，从而提高产品或服务的价值。价值工程主要思想是通过对选定研究对象的功能及费用分析，提高对象的价值。

价值工程虽然起源于材料和代用品的研究，但这一原理很快就扩散到各个领域，有广泛的应用范围，大体可应用在两大方面：一是在工程建设和生产发展方面。二是在组织经营管理方面。价值工程不仅是一种提高工程和产品价值的技术方法，而且是一项指导决策、有效管理的科学方法，体现了现代经营的思想。价值工程的主要特点：

价值工程的目的是以降低总成本来可靠地实现必要的功能。在价值工程中，价值工程恰恰就要在有组织的活动中首先保证产品的质量（即功能），在此基础上充分应用成本控制的节约原则，节约人力、物力、财力，在建筑智能化项目实施过程中减少材料的发生，降低设备的投资，以达到降低建筑智能化项目成本的目的。这一步是建立在功能分析的基础上的，只有这样才能把握好保证质量与材料节约的“度”，使产量与质量、质量与成本的矛盾得到完美的统一。

价值工程是一项有组织、有领导的集体活动。在应用价值工程时，必须有一个组织系统，把专业人员（如建筑智能化技术、质量安全、建筑智能化管理、材料供应、财务成本等人员）组织起来，发挥集体力量，利用集体智慧方能达到预定的目标。组织的方法有多种，在建筑智能化工程项目中，把价值工程活动同质量管理活动结合起来进行，不失为一种值得推荐的方法。

价值工程的核心是对产品进行功能成本分析。价值工程的核心是对产品或作业进行功能分析，即在项目设计时，要在产品或作业进行结构分析的同时，还要对产品或作业的功能进行分析，从而确定必要功能和实现必要功能的最低成本方案（工程概算）。在建筑智能化工程项目时，要在对工程结构、建筑智能化条件等进行分析的同时，还要对项目建设的建筑智能化方案及其功能进行分解，以确定实现建筑智能化方案及其功能的最低成本计划。

2.建筑智能化工程项目的价值分析工作程序

价值工程已发展成为一项比较完善的管理技术，在实践中已形成了一套科学的实施程序。这套实施程序实际上是发现矛盾、分析矛盾和解决矛盾的过程，通常是围绕以下7个合乎逻辑程序的问题展开的：这是什么？这是干什么用的？它的成本多少？它的价值多少？有其他方法能实现这个功能吗？新的方案成本多少？功能如何？新的方案能满足要求吗？解决这七个问题的过程就是价值工程的工作程序和步骤。即：选定对象；建立组织机构；收集情报资料；进行功能分析与评价；提出改进方案，并分析和评价方案；实施方案，评价活动成果。

（1）选择对象

价值工程的最终目标是提高效益。所以在选择对象时要根据既定的经营方针和客观条件正确选择开展价值工程的研究对象。能否正确地选择价值工程研究对象，是开展价值工程活动取得良好收效的关键。

对象选择的方法很多，主要有经验分析法、百分比法、强制确定法等。价值工程的应用对象和需要分析的问题，应根据项目的具体情况来确定，一般可从下列三方面来考虑：一是设计方面。如设计标准是否过高，设计内容中有无不必要的功能等。二是建筑智能化方面。主要是寻找实现设计要求的最佳建筑智能化方案，如分析建筑智能化方法、流水作业、机械设备等有无不必要的功能（即不切实际的过高要求）。三是成本方面。主要是寻找在满足质量要求的前提下降低成本的途径，应选择价值大的工程进行重点分析。

（2）组建价值工程小组、制订工作计划

价值工程活动和生产经营管理一样离不开严密的计划来组织和指导。价值工程计划管理主要是活动计划的制订、执行与控制。任何存在劳动分工与协作的集体活动客观上都需要组织管理，价值工程活动也不例外。价值工程既然是有组织的集体设计活动，因此，必须建立一套完整的组织体系，将企业同各方面联合起来协调各部门间的纵横关系，才能完成价值工程活动计划。可以这么说，强有力的领导，周密的组织和管理是保证价值工程活动计划的顺利实施并取得成效的前提条件。

价值工程小组的建立，要根据选定的对象来组织。可在项目经理部组织，也可在班组中组织，还可上下结合起来组织。价值工程的工作计划，其主要内容应该包括：预期目标、小组成员分工、开展活动的方法和步骤等。

（3）收集信息情报

价值工程所需要的信息情报是在各个工作步骤进行分析和决策时所需要的各种资料，包括基础资料、技术资料和经济资料。在选择价值工程研究对象的同时就要收集有关的技术情报及经济情报并为进行功能分析、创新方案和评价方案等步骤准备必要的资料。收集情报是价值工程全过程中不可缺少的重要环节，收集信息资料的工作是整个价值工程活动的基础。信息情报收集的目的在于了解对象和明确范围、统一思想认识和寻找改进依据。

（4）功能系统分析与评价

从功能入手，系统地研究、分析产品及劳务，这是价值工程的主要特征和方法的核心。通过功能系统分析，加深对分析对象的理解，明确对象功能的性质和相互关系从而调整功能结构，使功能结构平衡，功能水平合理。价值工程的主要目的就是要在功能系统分析的基础上探索功能要求，通过创新，获得以最低成本可靠地实现这些功能的手段和方法，提高对象的价值。功能系统分析包括功能定义、功能整理和功能计算三个环节。

功能评价包括研究对象的价值评价和成本评价两方面的内容。价值评价着重计算、分析研究对象的成本与功能间的关系是否协调，平衡评算功能价值的高低，评定需要改进的具体对象。功能价值是指“可靠地”实现用户功能要求的最低成本。在计算得到的功能价值的基础上，还要根据企业的现实条件，如生产、技术、经营、管理的水平和条件，以及市场情况、清户要求等具体分析、研究制订本次活动的成本目标值即确定对象的功能目标成本。

（5）提出改进方案，并进行分析与评价

方案创新和评价阶段是价值工程活动中解决问题的阶段，在建筑智能化项目价值分析中，主要包括提出改进方案、评价改进方案和选择最优方案三个步骤。提出改进方案，目的是寻找有无其他方法能实现这项功能；评价改进方案，主要是对提出的改进方案，从功能和成本两方面进行评价，具体计算出新方案的成本和功能值；选择最优方案，即根据改进方案的评价，从中优选最佳方案。

（6）实施方案，评价活动成果

对建筑智能化项目进行价值分析的最后阶段是实施方案，评价活动成果。由于改动建筑智能化方案关系着业主和承包商两方的利益，所以根据改进方案的比较评价结果，确定采纳方案之后，要形成提案，交有关部门验收，具体步骤如下：提出新方案，报送项目经理审批，有的还要得到监理工程师、设计单位甚至业主的认可；实施新方案，并对新方案的实施进行跟踪检查；进行成果验收和总结。

3.利用价值工程优化建筑智能化工程实施方案

结合价值工程活动，制订技术先进可行、经济合理的建筑智能化方案，主要表现在以下几个方面：通过价值工程活动，进行技术经济分析，确定最佳建筑智能化方案；结合建筑智能化方案，进行材料和设备使用的比选，在满足功能要求的前提下，制订计划，组织实施。为保证方案得以顺利实施，首先要编制具体实施计划，对方案的实施做出具体的安排和落实。一般应做到四个落实：组织落实、经费落实、时间落实和条件落实；实施建筑智能化，做好各阶段的记录工作，动态分析功能成本比，即价值，为日后的项目积累经验；通过价值工程活动，结合项目的建筑智能化工程组织设计和所在地的自然地理条件，对降低材料和设备的库存成本、运输成本进行分析，以确定最节约的材料采购方案和运输方案，以及合理的材料储备。

4.运用价值工程分析建筑智能化方案的优势

由于价值工程扩大了成本控制的工作范围，从控制项目的寿命周期费用出发，结合建筑智能化，研究工程设计的技术经济的合理性，探索有无改进的可能性，包括功能和成本两个方面，以提高建筑智能化项目的价值系数。同时，通过价值分析来发现并消除工程设计中的不必要功能，达到降低成本、降低造价的目的。表面看起来，这样对于项目经理部并没有太多的益处，甚至还会因为降低了造价而减少工程结算收入。但是，我们应看到，其带来的优势确实是重要的，主要有以下四个方面：

通过对工程建筑智能化工程项目方案进行价值工程活动分析，可以更加明确建设单位的要求，更加熟悉设计要求、结构特点和项目所在地的自然地理条件，从而更有利于建筑智能化方案的制订，更能得心应手地组织和控制建筑智能化工程项目。

对工程建筑智能化工程项目方案进行价值工程活动分析，对提高项目组织的素质，改善内部组织管理，降低不合理消耗等，也有积极的直接影响。

通过价值工程活动，可以在保证质量的前提下，为用户节约投资，提高功能，降低寿命周期成本，从而赢得建设单位的信任，有利于甲乙双方关系的和谐与协作，同时，还能提高自身的社会知名度，增强市场竞争能力。

项目经理部能在满足业主对项目的功能要求，甚至提高功能的前提下，降低建筑智能化项目的造价，业主通常都会给予降低部分一定比例的奖励，这个奖励则是建筑智能化项目的净收入。

尽管价值工程的概念引进我国已有多年的时间，但在工程设计与工程建筑智能化中对于控制项目投资和建筑智能化项目成本的应用还处在发展阶段，不过已有大量事实证明，在建筑智能化项目设计和准备阶段，应用价值工程对建筑智能化方案进行优化，降低成本，提高价值，对建筑智能化项目成本的事前控制是卓有成效的。特别是随着“勘察设计建筑智能化一体化总承包”的尝试和推广，价值工程越来越显示出它对控制项目投资和建筑智能化项目成本所能发挥的巨大作用。

二、建筑智能化工程项目成本的事中控制研究

建筑智能化项目成本控制的对象是建筑智能化的全过程，须对成本进行监督检查，随时发现偏差，纠正偏差，因此它是一个动态控制的过程。由于这个特点，成本的过程控制既是成本管理的重点，也是成本管理的难点。动态的过程需要管理者不仅要对过程的细节了解，更要提前做好风险发生的应对策略。

降低建筑智能化项目成本的途径，应该是既开源又节流，或者说既增收又节支。只开源不节流，或者只节流不开源，都不可能达到降低成本的目的，至少

是不会有理想的降低成本效果。控制项目成本的措施归纳起来有三大方面：组织措施、技术措施、经济措施。项目成本控制的这三个措施是融为一体，相互作用的。项目经理部是项目成本控制中心，要以投标报价为依据，制定项目成本控制目标，各部门和各班组通力合作，形成以市场投标报价为基础的建筑智能化方案经济优化、物资采购经济优化、劳动力配备经济优化的项目成本控制体系。

（一）组织措施

项目经理是项目成本管理的第一责任人，全面负责项目经理部成本管理工作，应及时掌握和分析盈亏状况，并迅速采取有效措施；工程技术部是整个工程建筑智能化工程项目技术和进度的负责部门，应在保证质量、按期完成任务的前提下尽可能采取先进技术，以降低工程成本；经营部主管合同实施和合同管理工作，负责工程进度款的申报催款工作，处理建筑智能化赔偿问题，经济部应注重加强合同预算管理，增创工程预算收入；财务部主管工程项目的财务工作，应随时分析项目的财务收支情况，合理调度资金；项目经理部的其他部门和班组都应精心组织，为增收节支尽责尽职。

（二）技术措施

制订先进的、经济合理的建筑智能化方案，以达到缩短工期、提高质量、降低成本的目的。建筑智能化方案包括四大内容：建筑智能化方法的确定、建筑智能化机具的选择、建筑智能化顺序的安排和流水、建筑智能化的组织。正确选择建筑智能化方案是降低成本的关键所在。

在建筑智能化过程中努力寻找各种降低消耗，提高工效的新工艺、新技术、新材料等降低成本的技术措施。

严把质量关，杜绝返工现象，缩短验收时间，节省费用开支。

（三）经济措施

1.人工费控制管理，主要是改善劳动组织，减少窝工浪费；实行合理的奖惩制度，加强技术教育和培训工作；加强劳动纪律，压缩非生产用工和辅助用工，严格控制非生产人员比例。

2.材料费控制管理，主要是改进材料的采购、运输、收发、保管等方面的工作，减少各个环节的损耗，节约采购费用；合理堆置现场材料，避免和减少二次搬运；严格材料进场验收和限额领料制度；制定并贯彻节约材料的技术措施，合理使用材料，综合利用一切资源。

3.机械费控制管理，主要是正确选配和合理利用机械设备，搞好机械设备的维护保养，提高机械的完好率、利用率和使用效率，从而加快建筑智能化进度、增加产量、降低机械使用费。

4.间接费及其他直接费控制，主要是精简管理机构，合理确定管理幅度与管理层次，节约建筑智能化管理费等。

三、建筑智能化工程项目成本的事后控制研究

建筑智能化工程项目成本的事后控制主要是在建筑智能化项目成本发生之后对成本进行核算、分析、考核等工作。严格讲，事后成本控制不改变已经发生的工程成本，但是，事后成本控制体系的建立，对事前、事中的成本控制起到促进作用，而且通过事后成本控制，建筑智能化工程承包企业可以积累更多的成本控制方面的经验和教训，为后续的成本控制奠定基础。

（一）建筑智能化工程项目成本核算

项目成本核算是指把一定时期内项目实施过程中所发生的费用，按其性质和发生地点，分类归集、汇总、核算，计算出该时期内生产经营费用发生总额和分别计算出每种产品的实际成本和单位成本的管理活动。其基本任务是正确、及时地核算产品实际总成本和单位成本，提供正确的成本数据，为企业经营决策提供科学依据，并借以考核项目成本计划执行情况，综合反映建筑智能化工程项目的管理水平。

建筑智能化项目成本核算是其成本管理中最基本的职能，离开了成本核算，就谈不上成本管理，也就谈不上其他职能的发挥。建筑智能化项目成本核算在建筑智能化项目成本管理中的重要地位体现为两方面：首先它是建筑智能化项目进行成本预测、制订成本计划和实行成本控制所需信息的重要来源；其次它是建筑智能化项目进行成本分析和成本考核的基本依据。

（二）建筑智能化项目成本分析

建筑智能化项目的成本分析是指根据统计核算、业务核算和会计核算提供的资料，对项目成本的形成过程和影响成本升降的因素进行分析，以寻求进一步降低成本的途径（包括项目成本中的有利偏差的挖潜和不利偏差的纠正）。另外，通过成本分析，可从账簿、报表反映的成本现象看清成本的实质，从而增强项目成本的透明度和可控性，为加强成本控制，实现项目成本目标创造条件。由此可见，建筑智能化项目成本分析是建筑智能化项目成本管理的重要组成内容。

（三）建筑智能化项目成本考核

1.建筑智能化项目成本考核的目的

建筑智能化项目成本考核，即项目成本目标（降低成本目标）完成情况的考核和成本管理工作的考核，是检验项目经理工作成效及工程项目经济效益的一种办法。项目成本管理是一个系统工程，而成本考核则是该系统的最后一个环节。如果对成本考核工作抓得不紧，或者不按正常的工作要求进行考核，前面的成本预测、成本控制、成本核算、成本分析都将得不到及时正确的评价。这不仅会挫伤有关人员的积极性，而且会给今后的成本管理带来不可估量的损失。建筑智能化项目的成本考核，要同时强调建筑智能化过程中的中间考核和竣工后的成本考核。中间考核可以有利于在施工项目的成本控制，而竣工后的成本考核虽然不能减少已完成项目的损失，但是可以为未来项目的实施提供宝贵的经验教训，这对企业的发展是至关重要的。

2.建筑智能化项目成本考核的内容

建筑智能化项目成本考核的内容应该包括责任成本完成情况的考核和成本管理工作业绩的考核。从理论上讲，成本管理工作扎实，必然会使责任成本更好地落实，但是影响成本的因素很多，而且有一定的偶然性，往往会使成本管理工作得不到预期的效果，因此，为了鼓励有关人员对成本管理的积极性，应该通过考核对他们的工作业绩做出正确的评价。根据建筑智能化项目成本考核的需求，确定对应的建筑智能化项目成本考核的内容。

考核降低成本目标完成情况，检查成本报表的降低额、降低率是否达到预定目标，完成或超额的幅度怎样。当项目成本在计划中明确了辅助考核指标，如钢材节约率、能源节约率、人工费节约率等，还应检查这些辅助考核指标的完成情况。

考核核算口径的合规性，重点检查成本收入的计算是否正确，项目总收入或总投资（中标价）与统计报告的产值在口径上是否对应。实际成本的核算是否划清了成本内与成本外的界限、本项目内与本项目外的界限、不同参与单位之间的界限、不同报告期之间的界限。与成本核算紧密相关的材料采购与消耗，往来结算，建设单位垫付款，待摊费与预提费等事项处理是否符合财务会计制度规定。

3.对项目实施人员的考核

对项目经理考核：项目成本目标和阶段成本目标的完成情况；建立以项目经理为核心的成本管理责任制的落实情况；成本计划的编制和落实情况；对各部门、各建筑智能化队和班组责任成本的检查和考核情况；在成本管理中贯彻责权利相结合原则的执行情况。

项目经理对所属各部门、各建筑智能化队和班组考核的内容有三个层面，分别是：对各部门的考核，包括本部门、本岗位责任成本的完成情况和本部门、本岗位成本管理责任的执行情况；对各建筑智能化队的考核，包括对劳务合同规定的承包范围和承包内容的执行情况，劳务合同以外的补充收费情况，对班组建筑智能化任务单的管理情况以及班组完成建筑智能化任务后的考核情况；对生产班组的考核，其内容是以分部分项工程成本作为班组的责任成本，以建筑智能化任务单和限额领料单的结算资料为依据，与建筑智能化预算进行对比，考核班组责任成本的完成情况。

4.建筑智能化项目成本考核的实施

（1）建筑智能化项目成本考核的方法

评分制：先按考核内容评分，然后按七与三的比例加权平均，即：责任成本完成情况的评分为七，成本管理工作业绩的评分为三，也可以根据具体情况进行调整。与相关指标的完成情况相结合成本考核的评分是奖罚的依据，相关指标的完成情况为奖罚的条件。也就是：在根据评分计奖的同时，还要参考相关指标的完成情况加奖或扣罚。

（2）建筑智能化项目成本考核应注意事项

正确考核建筑智能化项目的竣工成本。真正能够反映全貌而又正确的项目成本，是在工程竣工和工程款结算的基础上编制的。由此可见，建筑智能化项目的竣工成本是项目经济效益的最终反映。它既是上缴利税的依据，又是进行职工分配的依据。由于建筑智能化项目的竣工成本关系到国家、企业、职工的利益，必须做到核算正确，考核正确。

坚持贯彻施工项目成本的奖罚原则。施工项目成本奖罚的标准，应通过经济合同的形式明确规定；在确定施工项目成本奖罚标准的时候，必须从本项目的客观情况出发，既要考虑职工的利益，又要考虑项目成本的承受能力；可分为月度考核、阶段考核和竣工考核三种。对成本完成情况的经济奖罚，也应分别在上述三种成本考核的基础上立即兑现，不能只考核不奖罚，或者考核后拖了很久才奖罚；企业领导和项目经理还可对完成项目成本目标有突出贡献的部门、施工队、班组和个人进行随机奖励。

项目成本考核是项目成本管理中最后一个环节，它是根据制定的项目责任成本及管理措施，对项目责任成本的实际完成情况及成本管理工作业绩进行评价，通过成本考核可以对成本预测、成本控制、成本核算、成本分析进行评价，可以落实责、权、利相结合的原则，调动项目经理及各部门对成本管理的积极性，促进项目成本管理工作健康发展，更好地落实项目成本目标。成本的考核必须严格、真实，才能保证考核的严肃性，否则由于考核的随意性，将影响整个成本管理的有效运行。在考核中应引入成本否决制，对完不成经济指标的，其他指标完成得再好，也要否决其奖金，实现谁否决了企业成本，企业就否决谁的利益，以促使全员成本管理意识的形成，实现由“要我算”到“我要算”的跨越。

（3）考核建筑智能化项目成本应注意的几个方面

考核项目成本核算采用的方法和成本处理是否符合国家规定，考核降低成本是否真实可靠。

考核工程项目建设中的经济效益，包括成本、费用、利润目标的实现情况以及降低额、降低率是否按计划实现。

考核的依据要根据项目成本报告表和有关成本处理的凭证、账簿记录。

考核的对象可按项目进展程度而定，在项目进行中，可以考核某一阶段或某一期间的成本，也可以考核子项目成本；在项目完成后，则要考核整个工程项目的总成本、总费用。

成本考核和其他专业考核相结合，从而考察项目的技术、经济总成效，主要结合质量考核、生产计划考核、技术方案与节约措施实施情况考核、安全考核、材料与能源节约考核、劳动工资考核、机械利用率考核等，明确上列业务核算方面的经济盈亏，为全面进行项目成本分析打基础。竣工考核由工程项目上级主持进行，上级财务部门具体负责有关指标、账表的查验工作。大型工程项目可组织分级考核。参与工程项目的企业和各级财会部门应为考核做好准备，平时注意积累有关资料。项目成本考核完成后，主持考核的部门应对考核结果给予书面认证，并按照国家关于实行经营承包责任制的规定和企业的项目管理办法，兑现奖、罚条款。

第七章　建筑工程项目造价管理

第一节　建筑工程项目全过程造价管理理论

一、工程造价管理的概述

建筑工程造价是建筑产品的建造价格，它的范围和内涵具有很大的不确定性。

（一）工程造价的含义

工程造价就是工程的建造价格，是指为完成一个工程的建设，预期或实际所需的全部费用的总和。

中国建设工程造价管理协会（简称“中价协”）学术为团会在界定“工程造价”一词的含义时，分别从业主和承包商的角度给工程造价赋予了不同的定义。

从业主（投资者）的角度来定义，工程造价是指工程的建设成本，即为建设一项工程预期支付或设计支付的全部固定资产投资费用。这些费用主要包括设备以及工器具购置费、建筑工程及安装工程费、工程建设其他费用、预备费、建设期利息、固定资产投资方向调节税。尽管这些费用在假设项目的竣工决算中，按照新的财务制度和企业会计准则核算新增资产价值时，并没有全部形成新增固定资产价值，但是这些费用是完成固定资产建设所必需的。因此，从这个意义上说，工程造价就是建设项目固定资产投资。

从承发包角度来定义，工程造价是指工程价格，即为建成一项工程，预计或实际在土地、设备、技术劳务以及承包等市场上，通过招投标等交易方式形成的建筑安装工程的价格和建设工程总价格。在这里，招投标的标可以是一个建设项目，也可以是一个单项工程，还可以是整个建设工程中的某个阶段，如建设项目的可行性研究、建设项目的设计以及建设项目的施工阶段等。

工程造价的两种含义是从不同角度来把握同一事物的本质。对于投资者而言，工程造价是在市场经济条件下，“购买”项目要付出的“货款”，因此，工程造价就是建设项目投资。对于设计咨询机构、供应商、承包商而言，工程造价就是他们出售劳务和商品的价值总和。工程造价就是工程的承包价格。

（二）工程造价管理的含义

工程造价有两种含义，相应的，工程造价管理也有两种含义：一是建筑工程造价管理；二是工程造价价格管理。

建筑工程造价管理是指为了实现投资的预期目标，在拟订的规划、设计方案的条件下，预测、确定和监控工程造价及其变动的系统活动。建筑工程造价管理属于投资管理范畴，它既涵盖了微观层次的项目投资费用管理，也涵盖了宏观层次的投资费用管理。建筑工程造价价格管理属于价格管理范畴。在市场经济条件下，价格管理一般分为两个层次：在微观层次上，是指生产企业在掌握市场价格信息的基础上，为实现管理目标而进行的成本控制、计价、定价和竞价的系统活动。在宏观层次上，是指政府部门根据社会经济发展的实际需要，利用现有的法律、经济和行政手段对价格进行管理和调控，并通过市场管理规范市场主体价格行为的系统活动。

这两种含义是不同的利益主体从不同的利益角度管理同一事物，但由于利益主体的不同，建筑工程造价管理与工程造价价格管理有着明显的区别：第一，两者的管理范畴不同。工程造价管理属于投资者管理范围，而工程价格管理属于价格管理范畴。第二，两者的管理目的不同。工程造价管理的目的在于提高投资效益，在决策正确、保证质量与工期的前提下，通过一系列的工程管理手段和方法使其不超过预期的投资额甚至是降低投资额。而工程价格管理的目的在于使工程价格能够反映价值与供求规律，保证合同双方合理合法的经济利益。第三，两者管理范围不同。工程投资管理贯穿于从项目决策、工程设计、项目招投标、施工过程、竣工验收的全过程。由于投资主体的不同，资金的来源不同，涉及的单位也不同；对于承包商而言，由于承发包的标的不同，工程价格管理可能是从决策到竣工验收的全过程管理，也可能是其中某个阶段的管理，在工程价格管理中，不论投资主体是谁，资金来源如何，主要涉及工程承发包双方之间的关系。

二、建筑工程项目全过程造价管理的概念

建筑工程全过程是指建筑工程项目前期决策、设计、招投标、施工、竣工验收等各个阶段，全过程工程造价管理覆盖建筑工程前期决策及实施的各个阶段，包括前期决策阶段的项目策划、投资估算、项目经济评价、项目融资方案分析；设计阶段的限额设计、方案比选、概预算编制；招投标阶段的标段划分、承发包模式及合同形式的选择、标底编制；施工阶段的工程计量与结算、工程变更控制、索赔管理；竣工验收阶段的竣工结算与决算等。

建筑工程项目全过程造价管理是一种全新的建筑工程项目造价管理模式，一种用来确定和控制建筑工程项目造价的管理方法。它强调建筑工程项目是一个过程，建筑工程造价的确定与控制也是一个过程，是一个项目造价决策和实施的过程，人们在项目全过程中都需要开展对于建筑工程项目造价管理的工作。同时建筑工程项目全过程造价管理是一种基于活动和过程的建筑工程项目造价管理模式，是一种用来科学确定和控制建筑项目全过程造价的方法。它先将建筑项目分解成一系列的工程工作包和工程活动，然后测量和确定出项目及其每项活动的工程造价，通过消除和降低工程的无效与低效活动以及改进工程活动的方法去控制工程造价。

三、建筑工程项目全过程造价管理各阶段的主要内容

（一）建筑工程项目决策阶段

决策阶段主要内容：建筑工程项目决策阶段与工程造价的关系；项目可行性研究；项目投资估算；项目投资方案的比较和选择；项目财务评价。

（二）建筑工程项目设计阶段

设计阶段主要内容：项目设计阶段与工程造价的关系；设计方案的优选；设计方案的优化；设计概算和施工图预算的编制与审查。

（三）建筑工程项目招投标阶段

招投标阶段主要内容：项目招投标概述；工程项目标底的确定；标底价及中标价控制方法；工程投标价的确定；项目投标价控制方法。

（四）建筑工程项目施工阶段

施工阶段主要内容：项目施工阶段与工程造价的关系；工程变更与合同价款调整；工程索赔分析和计算；资金使用计划的编制和应用。

（五）建筑工程项目竣工阶段

竣工阶段主要内容：项目竣工阶段与工程造价的关系；竣工结算；竣工决算；竣工资料移交和保修费用处理。

四、建筑工程项目全过程造价管理各阶段的目标设定

现代建筑项目管理理论认为：建筑工程项目是由一系列的建筑项目阶段所构成的一个完整过程。一个工程项目要经历投资前期、建设时期及生产经营时期三个时期，而各个项目阶段又是由一系列的建筑工程项目活动构成的一个工作过程。

按照建设程序，建筑工程从项目建议书或建设构想提出，历经项目鉴别、选择、科研、决策、立项、勘察、设计、发包、施工、验收、使用等各个有机联系环节构成了建筑工程项目的总过程。其中每个环节又由诸多相互关联的活动构成相应的具体过程，因此，要进行建筑工程项目全过程的造价管理与控制，必须掌握识别建筑工程项目的过程和应用“过程方法”，把建筑工程项目的全部活动划分为项目决策阶段、设计阶段、招投标阶段、实施阶段、竣工结算阶段五个阶段，分别进行管理。

（一）建筑工程项目决策阶段

决策阶段是运用多种科学手段综合论证一个工程项目在技术上是否可行、实用和可靠；在财务上是否盈利；作出环境影响、社会效益和经济效益的分析和评价以及工程项目抗风险能力等的结论。决策阶段对拟建项目所做的投资估算是项

目决策的重要依据。一个建设项目投资控制一般要求尽量做到预算不超概算，概算不超估算，由此可见，投资估算对一个项目投资控制的重要程度，而要提高建设投资估算的精确度，我们必须注意以下几点：

明确投资估算的内容。估算的费用要包括项目从筹建、设计、施工到竣工投产所需的全部费用（建设资金及流动资金）。

确定投资估算的主要依据。不仅要依据项目建设工程量、有关工程造价的文件、费用计算方法和费用标准，我们还要在参考已建同类工程项目的投资档案资料基础上，充分考虑影响建设工程投资的动态因素，如利率、汇率、税率资金等资金的时间价值。

为避免投资决策失误，必要时要对项目风险进行不确定性分析（盈亏平衡分析、敏感性分析及概率分析）。必须加强对投资估算的审查工作，以确保项目投资估算的准确性和估算质量。

（二）建筑工程项目设计阶段

1.推行限额设计。推行限额设计，即按照批准的投资估算控制初步设计，按批准的初步设计总概算控制施工图设计。各专业在保证使用功能的前提下，按分配的投资限额控制设计，严格控制技术设计和施工图设计的不合理变更。

2.加强对设计概算的审查。合理、准确的设计概算可使下阶段投资控制目标更加科学合理，可以堵塞投资缺口或突破投资的漏洞，缩小概算与预算之间的差距，可提高项目投资的经济效益。

（三）建筑工程项目施工招标阶段

准确编制标底预算。审查标底时要重点做到四审，达到四防：审查工程量，防止多算错算；审查分项工程内容，防止重复计算；审查分项工程单价，防止错算错套；审查取费费率，防止高取多算，同时在坚持严格的评标制度下，确定招标合同价。

（四）建筑工程项目施工阶段

建筑工程项目施工阶段涉及的面很广，涉及的人员很多，与投资控制相关的工作也很多。

对于由施工引起变更中的内容及工程量增减，要由监理（甲方代表）进行现场抽项实测实量，以保证变更内容的准确性；大项的变更，应先做概算；同时要注重变更的合理性，对于不必要的变更坚决不予通过。

在工程建设中，设备材料必须坚持以大渠道供货为主，市场自行采购为辅。在自行采购时力求质优价廉，大型的设备订货可采取招标方式，在签订的合同中要明确质量等级和双方责任义务。

严格审核承包商的索赔事项，防止不合理索赔费用的发生。

（五）建筑工程项目竣工决算阶段

建立严格的审计制度，审减率直接和岗位责任、评功评奖等挂钩，只有坚持严格的办法和程序，才能保证决算的真实性、严肃性。

五、建筑工程项目竣工结算阶段造价的审核方法

由于工程建设过程是一个周期长、数量大的生产消费过程，具有多次性计价的特点。因此采用合理的审核方法不仅能达到事半功倍的效果，而且将直接关系到审查的质量和速度。主要审核方法有以下几种：

（一）全面审核法

全面审核法就是按照施工图的要求，结合现行定额、施工组织设计、承包合同或协议以及有关造价计算的规定和文件等，全面地审核工程数量、定额单价以及费用计算。这种方法实际上与编制施工图预算的方法和过程基本相同。这种方法常常适用于初学者审核的施工图预算；投资不多的项目，如维修工程；工程内容比较简单（分项工程不多）的项目，如围墙、道路挡土墙、排水沟等；建设单位审核施工单位的预算等。这种方法的优点是：全面和细致，审查质量高，效果好；缺点是：工作量大，时间较长，存在重复劳动。在投资规模较大，审核进度要求较紧的情况下，这种方法是不可取的，但建设单位为严格控制工程造价，仍常常采用这种方法。

（二）重点审核法

重点审核法就是抓住工程预结算中的重点进行审核的方法。这种方法类同

于全面审核法，其与全面审核法之区别仅是审核范围不同而已。该方法是有侧重的，一般选择工程量大而且费用比较高的分项工程的工程量作为审核重点。如基础工程、砖石工程、混凝土及钢筋混凝土工程，门窗幕墙工程等。高层结构还应注意内外装饰工程的工程量审核。而一些附属项目、零星项目（雨篷、散水、坡道、明沟、水池、垃圾箱）等，往往忽略不计。然后重点核实与上述工程量相对应的定额单价，尤其重点审核定额子目容易混淆的单价。另外对费用的计取、材差的价格也应仔细核实。该方法的优点是工作量相对减少，效果较佳。

（三）对比审核法

在同一地区，如果单位工程的用途、结构和建筑标准都一样，其工程造价应该基本相似。因此在总结分析预结算资料的基础上，找出同类工程造价及工料消耗的规律性，整理出用途不同、结构形式不同、地区不同的工程的单方造价指标、工料消耗指标；然后，根据这些指标对审核对象进行分析对比，从中找出不符合投资规律的分部分项工程，针对这些子目进行重点计算，找出其差异较大的原因。

常用的分析方法有：单方造价指标法，通过对同类项目的每平方米造价的对比，可直接反映出造价的准确性；分部工程比例，基础、砖石、混凝土及钢筋混凝土、门窗、围护结构等各占定额直接费的比例；专业投资比例，土建、给排水、采暖通风、电气照明等各专业占总造价的比例；工料消耗指标，对主要材料每平方米的耗用量的分析，如钢材、木材、水泥、砂、石、砖、瓦、人工等主要工料的单方消耗指标。

（四）分组计算审查法

分组计算审查法就是把预结算中有关项目划分若干组，利用同组中一个数据审查分项工程量的一种方法。采用这种方法，首先把若干分部分项工程，按相邻且有一定内在联系的项目进行编组。利用同组中分项工程间具有相同或相近计算基数的关系，审查一个分项工程数量，就能判断出同组中其他几个分项工程量的准确程度。如一般把底层建筑面积、底层地面面积、地面垫层、地面面层、楼面面积、楼面找平层、楼板体积、天棚抹灰、天棚涂料面层编为一组，先把底层建筑面积、楼地面面积求出来，其他分项的工程量利用这些基数就能得出。这种方法的最大优点是审查速度快，工作量小。

（五）筛选法

筛选法是统筹法的一种，通过找出分部分项工程在每单位建筑面积上的工程量、价格、用工的基本数值，归纳为工程量、价格、用工三个单方基本值表，当所审查的预算的建筑标准与“基本值”所适用的标准不同，就要对其进行调整。这种方法的优点是简单易懂，便于掌握，审查速度快，发现问题快。但解决差错问题尚需继续审查。

在结算审核过程中，不能仅偏重于审核施工图中工程量的计算和定额费率套用正确与否，而对开工前招投标文件、工程承包合同、施工组织设计、施工现场实际情况及竣工后送审的签证资料及隐蔽工程验收单等不够重视，这是不对的。因为无论是施工组织设计还是签证资料均和施工图一起组成了工程造价的内容。均对工程造价产生直接的影响。只有对工程实行全过程的跟踪审核，才能有效地控制工程造价。例如在审核某地块建筑工程施工组织设计时，发现施工单位采用了一类大型吊装机械，虽该工程的建筑总面积符合采用一类大型吊装机械的条件，但该建筑工程的结构属于砖混结构，不可能采用一类大型吊装机械，最多采用一般塔吊机械。又如在建造某住宅区附属工程自行车棚时，现场发现实际情况和图纸不符。车棚的一面外墙是利用原有居民住宅的围墙，而在施工决算中，施工单位已经计取了所有外墙的工程量，在审核中应扣除多计的工程量。

第二节　建筑工程项目实施全过程造价管理的对策

一、建筑工程项目投资决策阶段的造价管理对策

（一）在投资决策阶段做好基础资料的收集，保证翔实、准确

要做好项目的投资预测需要很多资料，如工程所在地的水电路状况、地质情况、主要材料设备的价格资料、大宗材料的采购地以及现有已建的类似工程的资料。对于做经济评价的项目还要收集项目设立地的经济发展前景、周边的环境、同行业的经营等更多资料。造价人员要对资料的准确性、可靠性认真分析，保证投资预测、经济分析得准确。

（二）认真做好市场研究，是论证项目建设必要性的关键

市场研究就是指对拟建项目所提供的产品或服务的市场占有作可能性分析，包括国内外市场在项目期内对拟建产品的需求状况、类似项目的建设情况、国家对该产业的政策和今后的发展趋势等。要做好市场研究，工程预算人员就需要掌握大量的统计数据和信息资料，并进行综合分析和处理，为项目建设的论证提供必要的依据。

（三）投资估算必须是设计的真实反映

在投资估算中，应该实事求是地反映设计内容。设计方案不仅在技术上可行，而且经济上更应合理，这既是编制投资估算工作的关键，也是下阶段工作的重要依据。

（四）项目投资决策采用集体决策制度

为避免投资的盲目性，项目投资决策应采取集体决策制度，组织工程技

术、财务等部门的相关专业人员对拟建项目的必要性和可行性进行技术经济论证。分析论证过程不仅要重视新设企业的经济效益的分析，还应立足节约，充分重视项目在市场中的领先地位，以减少项目建成后的运营成本和对企业今后发展的影响因素。

二、建筑工程项目设计阶段的造价管理对策

在工程设计阶段，做好技术与经济的统一是合理确定和控制工程造价的首要环节，既要反对片面强调节约，忽视技术上的合理要求，使项目达不到工程功能的倾向；又要反对重技术，轻经济，设计保守浪费，脱离国情的倾向。要采取必要的措施，充分调动设计人员和工程预算人员的积极性，使他们密切配合，严格按照设计任务书规定的投资估算，利用技术经济比较，在降低和控制工程造价上下功夫。工程预算人员在设计过程中应及时地对工程造价进行分析比较，反馈信息，能动地影响设计。主要考虑以下几个方面：

（一）加强优化设计

设计阶段是工程建设的首要环节。设计方案的优化与否，直接影响着工程投资，影响着工程建设的综合效益。例如在公路工程建设中不应一味追求线形技术指标高、线性美观而不考虑经济因素，在民用建筑工程中不应一味追求外观漂亮而不考虑经济因素。当然，技术等级高，行车也较舒适、快捷，建筑物外观漂亮固然给人一种美的感觉，但如果它是以提高造价为代价则需要对该方案进行认真分析。对设计方案进行优化选择，不仅从技术上，更重要的是从技术与经济相结合的前提下进行充分论证，在满足工程结构及使用功能要求的前提下，依据经济指标和综合效益选择设计方案。

（二）设计招标制度的推行

设计招标制度的推行为开发企业在规划设计阶段提高设计质量，进行投资控制提供了契机。在设计招标过程中，业主有权对投标方案的合理性、经济性进行评估和比较。在满足设计任务书的要求下，把设计的经济性也纳入评标条件。当前，一般评标所邀请的多为工程方面的专家，而懂建筑专业的经济师却很少参与，这就容易造成评标质量的偏差。所以，在确定中标方案后，业主仍有必要汇

集预算、工程管理和营销部门的专业人员，共同对中标方案再次提出优化意见，进一步提高设计的经济性和合理性。

设计是工程建设的龙头，当一份施工图付诸施工时，就决定了工程本质和工程造价的基础。一个工程在造价上是否合理，是浪费还是节约，在设计阶段大体定型。由设计不当造成的浪费，其影响之大是人们难以预料的。目前设计部门普遍存在“重设计，轻经济”的观念。设计概预算人员机械地按照设计图纸编制概预算，用经济来影响设计，优化设计，衡量、评价设计方案的优秀程序以及投资的使用效果只能停留在口头。设计人员在设计时只负技术责任，不负经济责任。在方案设计上很多单位都能做到将两个以上方案进行比较，在经济上是否合理却考虑很少，出现了“多用钢筋，少动脑筋”的现象。特别在竞争激烈的情况下，设计人员为了满足建设单位的要求，为了赶进度，施工图设计深度不够，甚至有些项目（如装修部分）出现做法与选型交代不清，使设计预算与实际造价出现严重偏差，预算文件不完整。因此，推行设计招标，引进竞争机制，迫使竞争者对建设项目的有关规模、工艺流程、功能方案、设备选型、投资控制等作全面周密的分析、比较，树立良好的经济意识，重视建设项目的投资效果，用经济合理的方案设计参加竞赛。而建设单位通过应用价值工程理论等对设计方案进行竞选比较、技术经济分析，从中选出技术上先进，经济上合理，既能满足功能和工艺要求，又能降低工程造价的技术方案。

只有鼓励和促进设计人员做好方案选择，把竞争机制引入设计部门，才能激发设计者以最优化的设计，最合理的造价，赢得市场，从而有效地控制造价。

（三）实施限额设计

所谓限额设计，就是按照批准的设计任务书和投资估算来控制初步设计，按照批准的初步设计总概算控制施工图设计；同时各专业在保证达到使用功能的前提下，按分配的投资限额控制设计，严格控制技术和施工图设计的不合理变更，保证总投资额不被突破。限额设计并不是一味地考虑节约投资，也绝不是简单地将投资砍一刀，而是包含了尊重科学，尊重实际，实事求是，精心设计和保证设计科学性的实际内容。投资分解和工程量控制是实行限额设计的有效途径和主要方法。“画完算”变为“算着画”，时刻想着“笔下一条线，投资千千万”。

要求设计单位在工程设计中推行限额设计。凡是能进行定量分析的设计内容，均要通过计算，技术与经济相结合用数据说话，在设计时应充分考虑施工的可能性和经济性，要和技术水平、管理水平相适应，要特别注意选用建筑材料或设备的经济性，尽量不用那些技术未过关、质量无保证、采购困难、运费昂贵、施工复杂或依赖进口的材料和设备；要尽量搞标准化和系列化的设计；各专业设计要遵循建筑模数、建筑标准、设计规范、技术规定等进行设计；要保证项目设计在达到使用功能的前提下，按分配的投资限额控制设计，严格控制技术设计和施工图设计的不合理变更，保证总投资额不被突破。设计者在设计过程中应承担设计技术经济责任，以该责任约束设计行为和设计成果，把握两个标准：即功能（质量）标准和价值标准，做到二者协调一致。将过去的“画完算”改为现在“算着画”，力保设计文件、施工图及设计概算准确无误，保证限额设计指标的实施。

限额设计绝不是业主（建设单位）说个数就限额了，这个限额不仅仅是一个单方造价，更重要的是：第一步要将这个限额按专业（单位工程）进行分解，看其合理否；第二步若第一步分解的答案合理，则应按各单位工程的分部工程再进行分解，看其是否合理。若以上的分解分析均得到满意的答案，则说明该限额可行，同时，在设计过程中要严格按照限额控制设计标准；若以上的分解分析（不论哪一步）没有得到满意的答案，则说明该限额不可行，必须修改或调整限额，再按上面的步骤重新进行分析分解，直到得到满意的答案为止，该限额才成立。限额设计的技术关键是要确定好限额，控制好设计标准和规模。在设计之前，对限额进行分解分析是万万不可缺少的一步。加强对设计图纸和概算的审查。概算审查不仅是设计单位的事，业主（建设单位）和概算审批部门也应加强对初步设计概算的审查，概算的审批一定要严，这对控制工程造价都是十分有意义的。设计阶段的工程造价管理任务，必须增强设计人员的经济观念，促使他们在工作中把技术与经济、设计与概算有机地结合起来，克服技术与经济、设计与概算相互脱节的状态。严格遵守初步设计方案及概算投资限额设计，既要有最佳的经济效果，又要保证工程的使用功能，这就需要设计者选择技术先进、经济合理的最优设计，从而保证质量，达到控制或降低工程造价的目的。

（四）改变设计取费办法，实行设计质量的奖罚制度

现行的设计费计算方法，不论是按投资规模计价，还是按平方米收费，没有

任何经济责任，不管工程设计的质量好坏，不论投资超不超预算，甚至不管建设项目有没有实施，设计人员有没有到现场服务，只要出了图纸，就得给设计费。这种计费办法助长了设计单位只重视技术性，忽视科学性、经济性的观念。实际工作中经常会碰到设计过于保守或设计功能没有达到最优或在施工过程中随意变更，致使工程造价居高不下和决算价大大超出原概算，对建筑业的正常发展造成不良的影响的情况。因此，应对现行设计费的计费方法和审核办法进行改革，建立激励机制。试行在原设计计费的基础上，对因设计而节约投资，按节约部分给予提成奖励，因设计变更而增加投资也按增加部分扣除一定比例的设计费，实行优质优价的计费办法，这样将有利于激励设计人员精益求精地进行设计，加强设计人员的经济意识，时刻考虑如何降低造价，把控制工程造价观念渗透到各项设计和施工技术措施之中。另外，对设计单位编制的概、预算实行送审后决算设计费的制度，对概预算编制项目不完整，估算指标不合理，没有进行限额设计，概预算超计划投资的责成设计单位重新编制；同时，设计费也预留一个百分数尾款，待工程竣工后再结清最后的尾款，这样就可防止设计人员在施工过程中不到现场进行技术指导的现象，同时迫使设计单位重视建设项目的投资控制，重视技经人员的工作。

我国现行的设计取费标准是按投资额的百分比计算，使得造价越高，收费也越多。这种取费办法，难以调动设计者主动地考虑降低造价、节约投资，更不利于对工程造价的控制。若在批准的设计限额内，设计部门能认真运用价值工程原理，在保证安全和不降低功能的前提下，依靠科学管理技术、优选新技术、新结构、新材料、新工艺所节约的资金，按一定的比例分配给设计部门以奖励，调动设计部门积极性是大有潜力的，也是控制工程造价行之有效的办法。

（五）通过提高设计质量控制造价

设计阶段是项目即将实施而未实施的阶段，为了避免施工阶段不必要的修改，避免设计洽商费用的增加，从而增加工程造价，应把设计做细、做深入。因为，设计的每一笔每一线都是需要投资来实现，所以在没有开工之前，把好设计关尤为重要，一旦设计阶段造价失控，就必将给施工阶段的造价控制带来很大的负面影响。现在，有的业主为了赶周期往往压低设计费，设计阶段的造价没有控制好，方案估算、设计概算没有或者有也不符合规定，质量不高，结果到施工阶段给造价控制造成困难。设计质量对整个工程建设的效益是至关重要的，设计阶段的造价控制对提高设计质量，促进施工质量的提高，加快进度，高质优效地把工程建设好，降低工程成本也是大有益处的。所谓建设工程全寿命费用包括工程造价和工程交付使用后的经常开支费用（含经营费用、日常维护修理费用、使用期内大修理和局部更新费用）以及该项目使用期满后的报废拆除费用等。

（六）加强施工图的审核工作

这是我们以往工作中的薄弱环节。审核的内容不仅仅是各专业图纸的交圈，更重要的是检验设计图纸与投资决策中相关内容是否吻合。由技术部门负责审核图纸的设计范围、结构水平、建筑标准等内容；由造价管理部门负责审核设计概算与施工图纸的一致性，设计概算与投资估算的协调性，如有超概算的项目，应与各部门之间全力配合，将突破投资的内容进行调整，为工程施工阶段的投资控制打下坚实的基础。

（七）严格控制设计变更，有效控制工程投资

由于初步设计毕竟受到外部条件的限制，如工程地质、设备材料的供应、物资采购、供应价格的变化，以及人们主观认识的局限性，往往会造成施工图设计阶段甚至施工过程中的局部变更，由此会引起对已确认造价的改变，但这种正常的变化在一定范围内是允许的。至于涉及建设规模、产品方案、工艺流程或设计方案的重大变更时，就应进行严格控制和审核。因为伴随着设计变更，可能会涉及经济变更。图纸变更发生得越早，损失越小；反之则损失越大。因此，要加强设计变更的管理和建立相应的制度，防止不合理的设计变更造成工程造价的提高，在施工图设计过程中，要克服技术与经济脱节现象，加强图纸会审、审核、校对，尽可能把问题暴露在施工之前。对影响工程造价的重大设计变更，要用先算账，后变更的办法解决，以使工程造价得到有效控制。

（八）加强标准设计意识和相关的立法建设

工程建设标准设计，来源于工程建设的实践经验和科研成果，是工程建设必须遵循的科学依据。标准设计一经颁发，建设单位和设计单位要因地制宜积极采用，无特殊理由的一般不得另行设计。且在采用标准设计中，除了为适应施工现

场的具体条件而对施工图进行某些局部改动外，均不得擅自修改原设计。

（九）加强工程地质勘察工作

在建筑工程项目实施过程中，基础工程部分在总造价中所占的比重往往较大，基础工程部分往往发生变更较多，是造成工程结算造价增加的重要原因。基础工程部分涉及的地质复杂、不确定的因素较多，一旦地质资料质量不高，缺乏科学依据，很容易造成设计不准确。例如地质资料所提供的地基承载力过于保守，甚至严重偏低，就会造成设计中基础工程量过大，引起项目不合理，投资增加，造成浪费。另一种情况是，由于地质资料不准确，导致设计图纸与实际相差较大，不得不采取大量的工程设计变更，最终导致工程总造价难以控制。加强工程地质勘察这一环节，首先应当从业主抓起，提高他们对勘察工作重要性的认识，避免个别业主单位忽视勘察工作，不愿花钱，只委托勘察单位进行地质初勘或根本不勘察，利用不准确的地质资料进行设计，出现严重不合理甚至严重浪费现象。这是一种舍本逐末的做法，换来的只能是工程造价的提高，还可能引发工程安全、质量事故。

三、建筑工程项目招投标阶段的工程造价管理对策

（一）建筑工程项目招标前期造价的管理对策

根据国家有关规定，工程建设项目达到一定标准、规模以上的必须实行招投标，合同造价一般按中标价包死，到竣工结算时，实际上仅是对工程变更部分进行造价审核。因而在招投标阶段对标底造价的控制显得十分重要。

（二）建筑工程项目招标中期造价的控制措施

1.规范招标投标行为

对于以市场为主体的企业，应具有根据其自身的生产经营状况和市场供求关系自主决定其产品价格的权利，而原有工程预算由于定额项目和定额水平总是与市场相脱节，价格由政府确定，投标竞争往往蜕变为预算人员水平的较量，还容易诱导投标单位采取不正当手段去探听标底，严重阻碍了招投标市场的规范化运作。

把定价权交还给企业和市场，取消定额的法定作用，在工程招标投标程序中增加“询标”环节，让投标人对报价的合理性、低价的依据、如何确保工程质量及落实安全措施等进行详细说明。通过询标，不但可以及时发现错、漏、重等报价，保证招投标双方当事人的合法权益，而且还能将不合理报价、低于成本报价排除在中标范围之外，有利于维护公平竞争和市场秩序，又可改变过去“只看投标总价，不看价格构成”的现象，排除了“投标价格严重失真也能中标”的可能性。

2.强化中标价的合理性

现阶段工程预算定额及相应的管理体系在工程发承包计价中调整双方利益和反映市场实际价格及需求方面还有许多不相适应的地方。市场供求失衡，使一些业主不顾客观条件，人为压低工程造价，导致标底不能真实反映工程价格，使招标投标缺乏公平和公正，承包商的利益受到损害。还有一些业主在发包工程时就有自己的主观倾向，或因收受贿赂，或因碍于关系、情面，总是希望自己想用的承包商中标，所以标底泄露现象时有发生，保密性差。

“量价分离，风险分担”，指招标人只对工程内容及其计算的工程量负责，承担量的风险；投标人仅根据市场的供求关系自行确定人工、材料、机械价格和利润、管理费，只承担价的风险。由于成本是价格的最低界限，投标人减少了投标报价的偶然性技术误差，就有足够的余地选择合理标价的下浮幅度，掌握一个合理的临界点，既使报价最低，又有一定的利润空间。另外，由于制定了合理的衡量投标报价的基础标准，并把工程量清单作为招标文件的重要组成部分，既规范了投标人的计价行为，又在技术上避免了招标中弄虚作假和暗箱操作。

合理低价中标是在其他条件相同的前提下，选择所有投标人中报价最低但又不低于成本的报价，力求工程价格更加符合价值基础。在评标过程中，增加询标环节，通过综合单价、工料机价格分析，对投标报价进行全面的经济评价，以确保中标价是合理低价。

3.提高评标的科学性

当前，招标投标工作中存在着许多弊端，有些工程招标人也发布了公告，开展了登记、审查、开标、评标等一系列程序，表面上按照程序操作，实际上却存在着出卖标底，互相串标，互相陪标等现象。有的承包商为了中标，打通业主、评委，打人情分、受贿分者干脆编造假投标文件，提供假证件、假资料甚至有的工程开标前就已暗定了承包商。

要体现招标投标的公平合理，评标定标是最关键的环节，必须有一个公正合理、科学先进、操作准确的评标办法。目前国内还缺乏这样一套评标办法，一些业主仍单纯看重报价高低，以取低标为主。评标过程中自由性、随意性大，规范性不强；评标中定性因素多，定量因素少，缺乏客观公正；开标后议标现象仍然存在，甚至把公开招标演变为透明度极低的议标。

工程量清单的公开，提高了招投标工作的透明度，为承包商竞争提供了一个共同的起点。由于淡化了标底的作用，把它仅作为评标的参考条件，设与不设均可，不再成为中标的直接依据，消除了编制标底给招标活动带来的负面影响，彻底避免了标底的跑、漏、靠现象，使招标工程真正做到了符合公开、公平、公正和诚实信用的原则。

承包商“报价权”的回归和“合理低价中标”的评定标原则，杜绝了建筑市场可能的权钱交易，堵住了建筑市场恶性竞争的漏洞，净化了建筑市场环境，确保了建设工程的质量和安全，促进了我国有形建筑市场的健康发展。

4.实行合理最低价中标法

最低价中标法是国际上通用的建筑工程招投标方法，过去中国政府一直限制这种方法的作用。现在，全国各地先后建立起有形建筑市场，将政府投资的工程招标活动都纳入其中进行集中管理，统一招投标程序和手续，明确招标方式，审定每项工程的评定标方法。但各地采用评定标办法不同，主要有评审法、合理低价法、标底接近法、二次报价法、报价后再议标法、议标法、直接发包法，等等。它们的共同特点是招标设有标底，报价受到国家定额标准的控制，在综合评价上确定中标者，没有采取价格竞争最低者中标的方式。

（三）建筑工程项目招标后期造价的控制措施

加强合同语言的严谨性。招投标结束后，在与中标单位签订施工合同时，应加强对合同的签订管理，由专职造价工程师参与审定造价条款同条款的一词、一字及一标点符号之差，极可能引起造价的大幅上升。

1.重视社会咨询企业的作用

可选几个项目，对原项目审定标底造价进行全面计算，详细复审，编标单位应对所编标底质量负全责，审标单位应对经审查后计增或计减的造价负全责，并对原标底因编标单位原因引起的累计错误超出规定误差范围的情况负一定连带责任。

2.注重合同价款方式的选择

中标单位确定之后，建设单位就要与中标的投标单位在规定的限期内签订合同。工程合同价的确定有三种形式：固定合同价、可调合同价、成本加酬金确定的合同价。对于设备、材料合同价款的确定，一般来讲合同价款就是评标后的中标价格。固定合同价是指承包整个工程合同价款总额已经确定，在工程实施中不再因物价上涨而变化。因此，固定合同总价应考虑价格风险因素，也须在合同中明确规定合同价总包括的范围。对承包商来说要承担较大的风险，适用于工期较短的工程，合同价款一般要高一些。可调合同在实施期间可随价格变化而调整，它使建设单位承担了通货膨胀的风险，承包商则承担其他风险，一般适用于工期较长的工程。成本加酬金的合同价是按现行计价依据计算出成本价，再按工程成本加上一定的酬金构成工程总价。酬金的确定有多种方法，依双方协商而定，这种方法承发包双方都不会承担太大的风险，因而在多数工程中常被采用。

四、建筑工程项目施工阶段的造价管理对策

施工阶段造价控制的关键，一是合理控制工程洽商，二是严格审查承包商的索赔要求，三是做好材料的加工订货。由开发企业引起的变更主要是设计变更、施工条件变更、进度计划变更和工程项目变更。控制变更的关键在开发商，应建立工程签证管理制度，明确工程、预算等有关部门、有关人员的职权、分工，确保签证的质量，杜绝不实及虚假签证的发生。为了确保工程签证的客观、准确，我们首先强调办理工程签证的及时性。一道工序施工完，时间久了，一些细节容易忘记，如果第三道工序又将其覆盖，客观的数据资料就难以甚至无法证实，对签证一般要求自发生之日起20天内办妥。其次对签证的描述要求客观、准确，要求隐蔽签证要以图纸为依据，标明被隐蔽部位、项目和工艺、质量完成情况，如果被隐蔽部位的工程量在图纸上不确定，还要求标明几何尺寸，并附上简图。施工图以外的现场签证，必须写明时间、地点、事由、几何尺寸或原始数据，不能笼统地签注工程量和工程造价。签证发生后应根据合同规定及时处理，审核应严格执行国家定额及有关规定，经办人员不得随意变通，要加强预见性，尽量减少签证发生。预算人员要广泛掌握建材行情，在现行材料价格全部为市场价的今

天，如果对材料市场价格不清楚，就无法进行工程造价管理。

（一）慎重对待设计变更与现场签证

由于变更与签证不规范，不仅会造成工程造价严重失控，而且会使一些不该发生的费用也成了施工单位的合理结算凭证，使管理处于混乱状态，给工程结算带来难度。为了减少不必要的签证与变更，合理控制造价，变更签证手续必须完备，任何单位和个人不得随意更改和变更施工图。如确需变更，要由建设单位、监理单位、设计单位、施工单位及主管部门的认可方为有效。

（二）认真对待索赔与反索赔

索赔是指在合同履行过程中对于并非自己的过错，而应由对方承担责任的情况造成的实际损失向对方提出经济补偿的要求，它是工程施工中发生的正常现象。引起索赔的常见因素有：不利的自然条件与人为障碍、工期延误和延长、加速施工、因施工临时中断和工效降低建设单位不正当地终止工程、物价上涨、拖延支付工程款、法规、货币及汇率变化、因合同条文模糊不清甚至错误等。建设单位反索赔的主要内容有：工期延误、施工缺陷、业主合理终止合同或承包商不正当放弃施工等。

（三）重视工程价款结算方式

工程价款结算也是施工阶段造价管理的一个重要内容，我国现行结算方法常见的有：月结算、分段结算、竣工后一次结算等。无论实行何种结算方式，结算的条件都应该是质量合格、符合合同条件、变更单签证齐全，特别是要实行质量一票否决权制度，不合格的工程绝不结算。

（四）严格编标预算管理的目的

编标预算管理的目的在于力求工程编标预算准确，合同造价科学合理。在决定工程造价高低的因素中，合同造价是最重要的一环，为达到合同造价的准确合理，在预算编标中应严把关口。

（五）甲乙双方建立伙伴关系实施工程造价管理

伙伴关系定义：两个或多个组织之间的长期的互相承诺关系，目的是通过最大限度地利用每个参与者的资源，达到某一商业目的。这要求将传统的关系转变为一种共同认可的文化，而不考虑组织边界，这种伙伴是基于彼此信赖，致力于共同的目标，以及相互理解对方的期望与价值。

建筑工程实施中，建安工程造价是承发包双方经济合同的中心内容，也是工程造价管理中双方极为关注的焦点。在长期的工程实践中，人们从单纯的合约关系，发展为对双赢理念的认同。目前，国际上开始探讨一种新的合作关系，即“伙伴关系”。尤其是英国、香港等地，正将这一理念贯穿于工程项目的造价管理工作中。

在工程造价管理工作中，订立合约的双方或当事人，通过各自的代表，商定共同的目标，找到解决争端的方法，分享共同的收益。通过研究制订一系列管理方法，提高各方的工作绩效。他们将合作视为一种共同行动，并非一种名词，而合作是以相互信赖为基础的。

五、建筑工程项目竣工结算阶段的造价管理对策

控制建安造价的最后一道关，是竣工结算。凡进行竣工结算的工程都要有竣工验收手续，从多年工作的经验来看，在工程竣工结算中洽商漏洞很多，有的是有洽商没有施工；有的是施工没有进行，应核减，却没有洽商；有的是洽商工程量远远大于实际施工工程量。如此类举不胜举。因此结算时，要求我们的人员要有耐心、细致的工作方法，认真核算工程量，不要怕麻烦，多下现场核对。同时，为了保证工作少出纰漏，应实行工程结算复审制度和工程尾款会签制度，确保结算质量和我们的投资收益。通过对预结算进行全面、系统的检查和复核，及时纠正所存在的错误和问题，使之更加合理地确定工程造价，达到有效地控制工程造价的目的，保证项目目标管理的实现。具体对策如下：

（一）认真阅读合同，正确把握条款约定

熟悉国家有关的法律、法规和地方政府的有关规定，认真阅读施工合同文件，仔细理解施工合同条款的真切含义，是提高工程造价审核质量的一个重要步

骤，凡施工合同条款中对工程结算方法有约定的，且此约定不违反国家的法律、法规和地方政府的有关规定的，那就应该按合同约定的方法进行结算。凡是施工合同条款中没有约定工程结算方法，事后又没有补充协议或是虽有约定，但约定不明确的，则应按国家建设部与地方政府的有关规定进行结算。

（二）认真审核材料价格，做好询价调研

认真审核材料价格，搞好市场调研，这是提高审核价格质量的一个重要环节，过去多数施工合同对材料价格的约定是：材料价格有指导价的按指导价，没有指导价的按信息价，没有信息价的按市场价。此时，审核工作的一个工作重心就是材料市场价的调研。首先应由施工单位提供建议方认可品牌的材料发票，亦可由施工单位提供供应商的报价单和材料采购合同，然后根据这些资料有的放矢地进行市场调研，则可提高询价工作效率。但审价人员应该清楚地知道，材料供应商的报价和材料合同价与实际采购价会有一定的差距，在审核实际工作中，应当找出“差距”按实计算。

需要特别提出，审价人员应对施工单位提供的材料发票仔细辨别，分清真伪。因为目前存在个别承包商为获取非法利润，通过开假发票冒高价格的案例。这也是审价人员在审价工作中需要特别重视的地方。

（三）认真踏勘现场，加强签证管理

在施工阶段踏勘现场，及时地掌握第一手资料有利于提高工程审价质量。施工现场签证是工程建设在施工期间的各种因素和条件变化的真实记录和实证，也是甲乙双方承包合同以外的工程量的实际情况的记录和签证，它是计算预算外费用的原始依据，是建设工程施工造价管理的主要组成部分。现场签证的正确与否，直接影响工程造价。

由于签证的特性，在施工中要求时间性、准确性。但有的签证人员不负责，当时不办理，事后回忆补办，导致现场发生的具体情况回忆不清楚，补写的签证单与实际发生的条件不符，依据不准；还有的签证单条件和客观实际不符，导致审核决算人员难以确定该签证的真伪，没有操作性；还有一些内容完整，条理清楚，但双方代表签字盖章不全，手续不完整亦属于合法性不足的签证。

第三节 建筑工程造价管理方法与控制体系

一、工程项目造价管理方法

（一）工程成本分析法

这种方法一般情况下用于对项目所需成本的管理与限制。也就是说在对工程进行成本管理的时候，针对已经开展的工程环节展开分析工作，并通过深入的分析寻求成本降低或者是产出成本规定的真实缘故，最终实现对项目前期结算的造价控制，为投资者创造更多的利润。这种方法可以细分为两种，即综合分析法和具体分析法。

建筑项目的综合分析法从综合分析法的角度上来说，项目成本包括人力酬劳费用、建筑原材料费用、设备消耗费用、另外一些施工过程所需费用以及施工过程中的管理费用等。采取这种方法进行分析之后，能够很明确地反映出造成成本减少以及超出成本范围的关键因素，从而及时寻求有效的应对措施进行合理的补救，实现控制成本造价的目的。

（二）建筑项目的具体分析法

从具体分析法的角度上来说，建设项目成本包括人工酬劳费用、建筑原材料费用、施工过程中设备消耗费用、另外一些施工过程所需费用等。

1.人工酬劳费用

会导致人工费用发生变化的事项包括工作期间发生变化和日薪发生变化。人工费用从根本上来讲其实就是项目工作期间乘以人均日薪所得出的数值，工程预算和实际所花费的差距越明显，所得到的数值就有越明显的偏差。再深入一点来说，导致项目工作期间延长的因素是存在于各个方面的，有施工企业的管理欠缺，施工技术不强，工作热情不高以及工作量超出预期等，以上问题都会导致工程成本的上升。经过这一环节的分析工作，我们能够根据成本预算与现实花费的偏差，掌握成本管理的基本情况，从而及时寻求有效的应对措施进行合理的补救，实现控制成本造价的目的。

2.建筑原材料费用分析

造成建筑原材料费用发生变动的原因包括：原材料使用量发生变化以及原材料的价格发生变化。随着成本预算和实际花费的差距拉大，建筑原材料所需费用的偏差也会增大，并且建筑原材料费用的偏差和工程建设中材料的使用量发生变化以及原材料的价格发生变化有关。工程建设过程中所使用的材料量发生变化一般情况下是由于施工单位在进行开展建设的时候过度节省或者是过度浪费，也有可能是工程量出现变动所造成的。而建筑原材料价格出现变化往往是因为在原材料采购、储存以及管理过程中出现成本变动而导致的，也有可能是原材料的市场价格出现变动。在对建筑原材料进行分析之后，要确定造成原材料费用发生变化的主要缘故，尽可能地避免浪费，采取各种可行性措施来控制原材料成本的上升，加大原材料采购、储存，管理工作的重视力度，在确保工程质量的基础上实现对原材料费用的控制。

3.施工设备消耗费用分析

导致施工设备消耗费用发生变化的因素包括：机械设备使用台数及次数发生变化以及每台每次的使用费用发生变化。施工设备消耗费用的变化是由机械设备使用台数及次数发生变化以及每台每次的使用费用发生变化造成的。再深入一层来说，机械设备使用台数次数和设备完好情况、设备调度情况有直接的关联，也有可能是因为工程量出现变动而导致的。设备机械每台每次的费用发生变化一般是由油价、用电情况等导致的。经过以上的分析可以发现在设备使用上存在的问题，从而及时地寻求有效应对措施进行合理的补救，实现控制成本造价的目的。

4.间接费分析

间接费分析通常是审查人力资源是否存在过多的现象，不用于工程建设的物品是不是存在超出成本范围，以及用于办公方面的费用有没有过度浪费的问题。对工程中直接费用以及间接费用的分析，能够得到避免浪费的应对措施，从而实现工程顺利进行，同时成本又可控制在适当的范围之内。

（三）责任成本法

责任成本是按照项目的经济责任制要求，在项目组织系统内部的各责任层次，进行分解项目全面的预算内容，形成“责任预算”，称为责任成本。责任成本划清了项目成本的各种经济责任，对责任预算的执行情况进行计量、记录、定期作出业绩报告，是加强工程项目前期造价管理的一种科学方法。责任成本管理要求在企业内部建立若干责任中心，并对他们分工负责的经济活动进行规划与控制，根据责任中心的划分，确定不同层次的“责任预算”，从而确定其责任成本，进行管理和控制。

1.工程项目责任成本的划分

责任成本的划分是根据项目责任中心而确定的：

（1）工程项目的责任成本

工程项目的责任成本即项目的目标成本，即项目部对企业签订的经济承包合同规定的成本，减去税金和项目的盈利指标。

（2）项目组织各职能部门的责任成本

各职能部门的责任成本主要表现为与职能相关的可控成本。

实施技术部门：制定的项目实施方案必须是技术上先进、操作上切实可行，按其实施方案编制的预算不能大于项目的目标成本。

材料部门：对项目所用材料的采购价格基本不超过项目的目标成本中的材料单价；材料的供应数量不能超过目标成本所到数量；材料质量必须保证工程质量的要求。

机械设备部门：机械组织施工做到充分发挥机构机械的效率；保证机械使用费不超过目标成本的规定。

质量安全部门：保证工程质量一次达到交工验收标准，没有返工现象，不出现列入成本的安全事故。

财务部门：负责项目目标成本中可控的间接费成本，负责制定项目分年、季度间接费计划开支，不得超过规定标准。

2.成本控制的技术方法

（1）成本控制中事先成本控制——价值工程

为了可以很好地实现价值工程这一功能，就必须运用最低的成本把该产品或者是作业让它们发挥自身的价值。

（2）工程项目中的过程控制方法

时间控制、进度控制、成本控制、费用控制这些方法可以说是过程控制，结合工程项目中的费用法的横道图法，工程中的计划评审法等，依照工程项目实施工程在时间这一问题的基本原理就是，在工程项目实施时可以分为开始阶段、全面实施阶段、收尾阶段这三个阶段。

（3）工程项目中成本差异的分析方法

成本单项费用的分析方法和因果分析图法这两个是工程项目成本差异分析方法。成本差异分析法中的因果分析图又称鱼刺图，这种方法是一种分析问题的系统方法。

在发现成本差异，查明差异发生的原因之后，接下来的工作就是要及时制定措施和执行措施，可利用成本控制表，作为落实责任、纠正偏差的控制措施。

（4）工程项目成本控制中的偏差控制法

什么是偏差控制法，就是在项目成本控制之前，我们要先计算出计划成本，在此基础上，为了能找出项目成本控制中计划成本和实际成本这两者之间的偏差、分析两者产生偏差的原因和变化就要采用成本方法，然后运用相应的解决措施解决偏差实现目标成本的一种方法。在成本控制中，偏差控制法可以分为实际偏差、计划偏差、目标偏差这三种，实际偏差指的是预算成本和实际成本的偏差；计划偏差指的是计划成本和预算成本之间的差别；目标偏差指的是计划成本和实际成本的差异。

在工程项目的成本控制中目标偏差越小越能证明它的控制效果，因此我们要尽量减少工程项目的目标偏差。我们要采取合理的办法杜绝和控制实施中发生的实际成本偏差。

工程项目的实际成本控制是根据计划成本的波动进行轴线波动的。在一般情况下，预算成本要高于实际成本，以下三个方面是如何运用偏差控制法的程序：

找出工程项目成本控制的偏差进行工程项目偏差控制，偏差控制法必须是在项目中定制，或者是按天或者周来制定，我们要不停地发现和计算偏差，还要对目标偏差进行控制。我们要在实施的过程中发现并记录现实产生的成本费用，再把所记录的实际和计划成本进行对比，这样才能更好地发现问题。

实际成本是随着计划成本的变化而变化的，如果计划成本偏大，就会发生偏差，偏差值为正数，但是在项目中产生偏差会影响项目，因此，当出现问题时我们应该对它进行调整；如果比计划成本低，偏差值就会成为负数，这对工程项目是有好处的。

解析工程项目中产生偏差的缘由可以运用以下两种方式：第一，因素分析法。什么是因素分析法？就是把导致成本偏差的几个相关联的原因归纳一下，再用数值检测各种原因对成本产生偏差程度的影响。例如，在项目成本受到干扰的时候，我们可以先假设某个因素在变动，再计算出某个因素变动的影响额，然后再计算别的因素，这样就能找出各个因素的影响幅度。第二，图像分析法。什么是图像分析法？就是在工程项目描绘线图和成本曲线的形式，然后再把总成本和分项成本进行对比分析，这样就不难看出分项成本超支就会导致总成本发生偏差，这样就能及时对产生的偏差运用合理的办法。

怎样纠正工程项目存在的偏差：在发现工程项目发生成本偏差时，我们应该及时通过成本分析找出导致产生偏差的原因，然后对产生偏差的原因提出相应的解决措施，让成本偏差降到最低，为了实现成本控制目标还必须把成本控制在开支范围，这样才能实现纠正工程项目偏差的目的。

（四）工程项目中挣得值分析法

按照预先定制的管理计划和控制基准是项目部案例和项目控制的基本原理，我们要对实施工作进行不定时的对比分析，我们还要再对实施计划进行相应的调整。监控实际成本和进度的情况，这是为了有效地进行项目成本、进度控制的关键，同时，我们要及时、定期地跟控制基准进行对照，还要结合别的可能的变化，并且要对其进行相关的改正，修改和更新项目计划，成本的预算进行预测，进度的提前和落后。质量、进度和成本是项目管理控制的主要因素。在确保工程质量的前提下，确定进度和成本最好的解决方法，才能保证成本、进度的控制，这就是项目管理的目标。

因此，挣得值分析法是最合适的分析法。挣得值分析法这个方法一开始是被用作评估制造业的绩效，然后被用作成本和计划控制系统标准中的各项目的进度评估标准。分别对成本、进度控制进行管理，在这两者控制中存在少许的联系。例如：在工程项目实施的某一个阶段，花费成本和计划预算进行累计相当，可是，在实际的工程中已经完成的工程进度不能达到原有的计划量，最后项目预算已经超过剩下工程量，为了完成项目就要增加工程费用，在这时，要在规定的预算内完成成本控制就为时已晚了。这一现象就表明了，累计实际成本和累计预算成本只能表明一个侧面，这不是真正的反馈项目的成本控制情况。在实际工程中成本和进度这两者是相当密切。成本支出的大小和进度的快慢、提前或者是退后有着密切的联系。通常情况下，项目进度和累计成本支出要成正比。可是，只是一味地观察成本消耗的程度并不会对成本趋势和进度状态产生精确的评估，进度超前、滞后，成本超支、节余都会直接影响成本支出的多少。也可以说是，在实施工程项目过程的某个时间段，就只是监控计划成本支出和实际成本消耗，这样的做法是不能准确地判断投资有无超支和结余，进度超前这是成本消耗量大的一种原因，另一种可能就是成本超出原来的预算。所以，我们要正确地进行成本控制，要每时每刻监督消费在项目上的资金量和工作进度，并且对其进行对比。这个问题可以被挣得值分析法合理地解决。因为这个分析法是可以全面衡量工程项目进度、成本状况的方法，这种分析法通常是运用货币这一形式取代工作量来检测工程项目的进度，这种分析法不同于别的方法，这种方法是把资金转化成项目成果，它是通过这一方法进行衡量的，挣得值分析法是一个完整有效的监控指标和方法。这种方法大多运用在工程项目中。

（五）控制方法之间的比较

从投资者的角度上来说，建筑工程项目的管理与控制主要包括工程造价的控制、工程进度的控制以及工程质量的控制这三个部分。相对来说，工程质量是处在静止状态的部分，工程造价和工程进度会在项目不断开展过程中随着改变的两个活动的部分。在之前较为保守项目管理中，通常将工程进度以及工程造价当作两个独立的部分，彼此不受牵连，在考量工程进度的过程中忽略了工程造价，同样在工程造价的过程中也往往忽略工程进度。其实，在现实的工程开展中，工程造价和工程进度这两个部分是彼此紧密相连的。通常我们认为，假如工程进度比预期提前或者是建设时间往后延伸，都会造成工程造价的增高。假如是降低工程造价的投入，同样也会对工程进度造成影响。

因此，在实际的实施过程中，为了同时提升这两个控制部分的指标，需要将两部分统一起来考量。而挣得值分析法相对于其他控制方法来说特别的地方就是用工程预算以及投入费用来综合考量工程项目的进度，是项目管理者在工程的实际工作中造价控制类型的最优选择方式，也是实现前期造价管理目标的最佳方法。

二、健全工程造价管理的控制体系

（一）造价管理与技术管理

1.工程技术管理方面

工程实施阶段，是最需要资金的一个阶段。这就需要工程技术管理人员尽量做好工程预算，避免在工程的实施过程中再产生重复的不必要的费用。依照目前的状况看，由于管理人员对合同要求不了解，甚至完全不知道合同写的什么，对于一些总承包费用中包括的费用，由于完全不了解合同内容，造成以不合理的方式处理，如经济签证，这样就带来了工程费用支出的增加。

设计变更传递不利。很多时候，工程结算时由于预算人员没及时收到设计变更，施工单位就将变更导致增加的费用加到设计总价内，而对于减少的费用，签证、变更都没有体现在结算的材料里。

很多工程技术管理人员工作马虎不细致，缺乏经济预算能力。而且对工程造价不了解，责任心不强，工作难以深入。在工程施工的施工现场，变更、经济签证等时常发生变化，像施工现场问题的处理，垃圾的清运，土方的外部购买等。有时由于施工单位责任感不强，不摸清现场的工作量，凭个人经验感觉判断，甚至有意增大工作量，就像运输渣土的工作，运输完后没有人可以证明核实。另外签证、变更传达不准确也造成了增加费用投入。

2.防范措施：提高施工技术、组织管理，确保工程能准时交付投入使用

努力增强工程技术人员的职业素养和专业知识的培养，不断提高管理人员的专业素质。做好施工单位监督检查工作，根据施工设计方案的情况做好费用审查工作。鼓励工程技术管理人员的创新精神，积极使用新技术，对施工单位好的建议和意见，如改善设计、采用新工艺、节约成本等，要采取奖励政策，做好资金与技术工作的密切联合。

（二）造价管理与法律服务

随着国家经济的发展和政策的进步，在“依法治国”的指引下我国法律制度

不断完善，随着一系列法律的出台，如建筑法和招投标法，我国对于工程项目的建设和管理都做出了明确规定，这对于建筑业的发展是件大好事，对于建设行业内的管理也有了明确的规章制度，有法可依。建设工程项目整个过程造价管理中的法务管理成了至关重要的一节。从多种角度分析法务管理的两大方面是法律的事务和服务管理，在建设工程项目的全过程造价管理中，法务管理可以促进项目规范管理和建设的顺利推进。不论我国还是其他国家出现的问题都是招标工程中工程双方对于合同的内容理解和意见不一致，管理上难以达成统一。因此，法律知识对于建设工程双方，无论是投资人还是工程施工管理者都有重要的作用，要清楚地看到工程造价管理法律事务和服务管理的重点和核心。基本上说工程法律事务管理就是在法律的保护下做到经济和工程管理的有效衔接。法律事务管理贯穿于工程造价管理的始终，下面就将对法律管理的内容和具体实施做详细讨论。

1.法律服务的目标

根据法律的规定，要在法律规定的范围内利用合同保障委托人的个人利益；以法律服务者的合约管理经验，依据实际状况，保证工程顺利竣工的同时，从实际情况寻找出发点和突破点，保证项目的速度、质量和合理预算，促使项目保质保量地完工投入使用；要尽量保障项目投资人的个人权益，避免由合同带来的不必要的纠纷和赔偿，即便出现纷争，也要尽力保护投资方的利益；尽最大努力使参与建设施工项目的双方都能享受应有的权利和义务，以合同为依据，将项目管理中的各种问题放到法律事务管理的范围中。

2.法律服务的内容

工程施工建设中工程造价管理的法律服务内容包括：辅助项目管理人前期审核投标人的投标资格，辅助项目管理人起草、更改合同的内容，参与工程施工承包的招标及合同的磋商。对于合同里的内容和相关规定进行量化管理，依据次重点不同分成不同的模块，以合同内容为依据，合理公平地保障双方的合法权益，要保障项目管理人的收入，监督检查承包商履行合同的情况，保证项目在法律许可和合同的监护下完工。向银行及保险公司处理约定担保及保险。针对合同要开展及时跟踪管理，在整个过程当中，快速整理及掌控与时间进程、工程设计变更、资金出入管理、项目质量管理、工程分包情况等内容资料，促使工程项目进度在管控中。

在合同实施的过程中，如果合同内容有增减项目发生，那么项目管理人要协助甲乙双方签署补充协议或补充合同条款。对于双方各单位的工程款、签证有关文件、往来信函、质量检查记录、会议记录等要进行统一归档管理。项目管理人要辅助处理乙方即承包单位的赔偿事项，并且根据依据和计算方法等辅助甲方拟定反索赔申请；审核索赔依据、理由和合理合法性，项目管理人要辅助项目管理进行谈判商议，要规避不必要的经济纠纷发生在最后工程结算当中。

另外还要及时督促监理单位组织协调参与此次工程项目的建设双方的关系，明确各自的职责范围和对执行工作如何开展的理解，为双方召开专门的协调会议，研讨合适的方式，使双方能融洽工作，协调共事，以最后保质保量地完成工程项目为目标，在法律规定的范围内，在合同内容的要求前提下，辅助管理者在必要时实行担保或合同保险，以降低工程风险做好转移风险分析工作，最后以报告的形式定期全面地检查和审核合同执行情况。

（三）法律服务的具体措施

1.合约管理的规划阶段

合约管理规划是建设工程造价管理整个过程中合同管理的基础构架和基本合同体系。法律工作者要根据整个项目目前的客观情况，整个项目工程建设的标准要求，在工程的不同阶段将合同管理系统合理分解，制定出最科学、系统、符合法律规范的计划框架。通过委托人实行计划管理。确定好管理计划后，为了使合约计划顺利保障项目管理思路和调度管理，必须使管理任务融合到合约管理计划中实现最大化，这是能顺利完成整个建设工程项目的关键。

合约管理计划需要的文件有：把项目管理的任务分解为各个阶段的任务空间和任务关键点；对整体项目工程文件做出探讨，根据国家法律规定和工程项目法律工作者的管理经验，向管理人员提出工程承包意见；维护各方利益，包括：供货商、投资单位、施工单位、委托人及设计单位之间的关系。

管理计划特定的目标要保证工程设计整体连贯性，保证各个环节都能充分衔接，确保计划实施起来有可实践性。以方便协商管理、降低任务界面、减少造价、提升效率为关键原则。在建设工程项目过程里，应该依照项目的进度情形对合约规划逐步地来整理和完善，做好项目的整体规划和要求。

整个过程造价管理都能用到的合同类别是：合同承包，主要包括：工程承包合同（工程承包合同从合同类型上又可分为工程施工的总承包合同，分包合同、承包合同）；委托合同，其中主要有监理委托合同、招标代理委托合同、技术咨询服务委托合同等；购销合同，可分为材料购销合同和设备、仪器仪表购销合同，协调、配合合同（协议），另外还有建设过程中须签订的其他合同，如拆迁补偿合同、拆迁施工合同等。

2.合约管理的起草阶段

在开始的招标阶段，法律事务工作人员应当在招标文书中起草具体的合同内容条款，在起草合同内容条款时，应该注意合约管理规划中对合同的具体要求和定位标准，要考虑到工程项目的需要和特点，投标人在投标时要注意相应合同内容条款要求，法律工作人员应明确甲乙双方和其他单位的工作合作关系。最大限度地确保避免法律风险、管理风险，运用自身工程项目服务经验，保障委托人的合法权益。

工程承包合同包括：委托人在合同中对承包内容、工程质量的具体要求、对整个工程工期的要求、在工程完工后对工程质量以何种标准验收的要求、对整个工程项目的资金工程预算以及对确认支付时间和大体额度，等等。

工程购销合同内容包括：给货的方式、时间，对货物的质量要求，价格，货物包装及其他技术标准的要求等。

配合协议合同的内容包括：协调配合内容、配合条件、配合的费用及支付方式、配合的具体明细，或其他规定的内容。

建设中其他合同应包含的条件：如拆迁补偿合同的费用核算，合同中对于拆迁具体计划和费用时间等，都是合同要列明的。

3.合约谈判过程的原则和措施

依据对工程的了解和委托人对合同的要求，要在合同谈判前做出相应的条款，再根据承包商的具体情况制定相应的合同条款，确保合同的履行和约束情况，再制定相应的谈判策略，制定我方谈判的底线，在根据合同的底线做出相应的策略，要掌握谈判的灵活性和原则性，在确保公司利益的前提下把握好谈判的幅度，在磋商时尽量保证最高利益，根据掌握的对方资料提前做出磋商中可能出现的情况并做出相应的谈判措施。

作为法务工作者应多方面思考及做出具体的磋商计划，使合同谈判有条不紊地按照计划顺利进行，及早地促成有效合同的签订，在招标项目磋商前只要评估结果出来就要和委托人、投标单位负责人进行磋商，客观公正地记录谈判内容，把有利的方案写进拟签订的合同条款中；帮助委托人梳理投标报价、施工方案和签订合同的具体条款，确保委托人的最大利益；然后根据磋商记录的条款制作出详细措施，为了合同的周密性要交由委托人再次商定审核。语言确凿、严谨完善，明确权利和义务，确保合同的完善保障项目实施过程中不会出现漏洞，有效地保障委托人的合法权益。

以上为在项目管理中法务服务的目标、内容和具体措施，经过专业、细化、全面概括的法律服务，将法务服务与造价管理有机结合，确保投资人规避合约风险，在项目造价管理中取得最大的收益。

第八章　基于 BIM 技术的全生命周期造价管理

第一节　BIM 理论及全生命周期造价管理

一、BIM 相关理论

（一）BIM 含义

BIM，一个最先运用于制造业，在制造业兴起并且带来巨大利益的信息技术。BIM 在被应用到建筑业中最常用的解释就是“Building Information Modeling”，通常被翻译为建筑信息模型，关于 BIM 的定义和解释一直以来也非常多，其中相对比较切合建筑业同时也比较简练的定义则是在 2009 年由 Mc Graw.Hill 在名为“The Business Value of BIM”（即 BIM 的商业价值）的市场调研报告中指出的，其认为“在项目的设计、施工以及运营过程中使用数字模型来协助的过程就是 BIM”。

在对BIM的定义过程中，目前比较认可的BIM标准是由美国提出的，它认为BIM就是一种数字表达，主要是表达出拟建项目的物理特性以及功能，同时它还是一个平台，一个可共享资源和分享信息的，同时也可以为整个项目的决策提供依据以及让各参与方协同作业的平台。

所以说BIM对于不同的参与方，不同阶段都有着不同的解读，但是其核心思想是不变的，其为建筑业带来的效益也是不可磨灭的。

（二）BIM 特点

1.模拟性

在BIM中的模拟性是指其相关软件可通过构件的属性来模拟真实事物的过程，在建设项目中可运用BIM的模拟性来指导施工过程。BIM的模拟性不仅可以通过已经添加到模型中的各种构件来模拟整个项目的施工过程，还可以通过模拟技术来模拟建筑周围的一些环境以及建筑本身的日照、通风等，以此来加强建筑的节能性。

2.可视化

可视化是BIM的一个重要特点，从一个建设项目开始到完工，经历了从想法到图纸再到实体建成一个工程的过程，也就是经历了一个从二维到三维的过程。在只有CAD二维制图的情况下，三维模型很多时候靠的是人看着图形自我组合，但这往往会有很多错漏的地方。BIM的可视化可以使整个设计在施工前体现出三维模型，从而更加直观地为我们展现建筑的面积、构件之间的相互关系等，弥补了人为二维向三维转化的难点。通过这种特点就可以更加高效地完成设计，同时也能减少后期的变更。

3.优化性

建设项目是一个具有工程量大、技术含量高以及时间紧迫等特点的复杂工程，而且建设项目一旦开始动工，其已完成的部分修改麻烦或者根本无法修改。BIM的优化功能可在建筑建模时检查出所设计建筑的缺陷部分进行修改，还能对建筑进行各方面的调整以及进行各种分析比较，最终优化出最好、最可行的方案。

4.协调性

建设项目是一个由多方参与、多专业参与共同努力所形成的结果，所以各方的协调非常重要。BIM可以将各个不同专业所设计的不同部分以及相关的信息集合在一个模型之上，然后通过其三维建模的特点来查看是否存在专业间与非专业间的冲突，然后进行解决，并且通过信息平台与各参与方之间进行信息的传播，保证沟通的及时性。所以，BIM的协调性在很大程度上提高了信息的沟通，使建设项目的质量得到提高。

5.可输出性

建设项目最终是参照着二维的施工图纸进行最后的施工，而BIM不仅能将二维设计转化为三维进行修改检查，同时也能在施工前将最终修改好的最佳设计转化成二维图纸输出。这种输出性，减少了后期绘制施工图纸的麻烦，同时也能输出各种与工程相关的信息，如工程量清单、设备材料表等各种电子表格信息和相关的电子档信息等。

（三）BIM发展现状

1.BIM的应用现状

目前BIM的应用对于建筑的各参与方来说所应用的方面以及程度都是不同的，外国对于BIM的应用相对比较成熟，各参与方以及各个方面的人对于BIM应用都有着自己不同的见解。

对于业主来说他们所应用BIM时更加注重的是BIM的合约条款以及用户指南。美国联邦政府主管机构是业主中要求比较严格的代表，他要求所建立的BIM模型拥有自动检查功能从而可以更加精确地确定设计方案是否符合计划书的要求。而其他一些应用BIM的业主则更关注BIM的管理方针，他们要求方针中要有项目各参与方的责任、共享模型以及协同作业等过程。业主在运用BIM时注重的是经济利益，而这些经济利益主要就是从施工过程中运用BIM模型取得的。而施工方面运用BIM则可以在各种建筑设计实务中减少绘图工作人员的工作量。现在许多建筑师、工程师以及施工方，都需要BIM进行建模，从而可以运用模型进行评估能源、成本以及价值等，或者让工程师们进行模型分析以及结构分析，从而改进建筑模型。

目前BIM发展的趋势主要被分成了过程和技术两方面。BIM发展的过程中，需要先建立起BIM的合约条款，这样才能方便业主在使用过程中导入使用，同时成功的BIM应用案例起到不可替代的作用，成功的经验可以得到更好的借鉴，将BIM的各种优势作为信息共享的内容导入模型中，从而形成利用的整体优势是目前BIM发展过程中需要做到的。而在技术方面，充分利用建筑模型中的自动检查以及施工性检讨评估功能，同时BIM软件厂商也在丰富BIM的使用平台，增加使用功能以及整合设计能力。在BIM发展过程中，国外也慢慢地更加多地使用预制构件，这样可以加强全球性制造业的发展，同时也更加有利于BIM在建筑业的发展。

随着BIM在我国越来越流行，建设项目上对BIM的使用也越来越广泛，但是所取得的效果却并不都是好的，还是有很多失败的例子频繁出现。目前，我国对于BIM的应用主要集中在施工阶段，在施工阶段运用BIM来模拟施工过程，同时检查出图纸所存在的管线碰撞等错误，以便在施工前进行修改，达到在工程建设活动过程中节省工期的目的。所以和国际上BIM的应用相比，我国的BIM应用程度还远远不够，同时在应用广度方面也还有待加强。同时，BIM是一个充分的分工基础上的大协作，这种大协作就要求行业集中度要高，而我国建筑业在这方面的不足也成了我国BIM发展缓慢的一个重要因素。我国的建材、施工队伍、咨询以及设计等领域的集中度尚处于前工业化阶段，主要的特征为散、乱、小，而且这些领域在近期内也无法走向集约化，这就使得BIM在我国建筑市场无法达到最好的普及，无法最好地适应市场。所以我国BIM的发展还需要经历一个漫长且布满荆棘的过程。

2.BIM的应用障碍

目前BIM的运用虽然比较成熟了，但还是有很多障碍阻碍着BIM的发展。事实上，任何公司全面采用BIM也需要两到三年的时间才会有效，可是很多公司的急切心理导致在应用BIM后生产效益虽然有所提升但是无法达到预计的建造成本减少量，从而得出BIM对建筑业没有显著作用的错误定论。所以，BIM所带来的巨大利益一度被认为是一种不切实际的想法，因为在目前科技以及预算限制了建设项目的发展。

国际上的BIM发展尚且碰到了阻碍，还有许多错误的认识有待改正。而我国BIM发展就更是极大部分走上了一条歪路，真正认识到BIM对建筑业将有贡献的人员却是极少一部分。在对比国外BIM发展的历程可以发现，我国BIM的发展存在着很多不足。

对于BIM的理解，各学者在概念上存在一定差异，但普遍偏重于对BIM优点的宣传。无论是政府还是业主很多人都并没有真正去认识到BIM，对BIM推行也是在看到国外BIM应用于建筑业有成功案例的基础上所以进行使用。但是这种并未对BIM进行充分了解的基础上就盲目地推行反而会为我国建筑业的发展带来无尽的麻烦，同时也达不到预期的效果，只会造成资源和时间的浪费。反观国外的业主团队，在项目概念阶段就提出了BIM执行导则，从而在明确各方职责的同时也让项目参与各方很清楚项目的各个阶段需要运用BIM做些什么，需要做到怎样的深度以及解决什么问题。这样就很有利于后期的设计和施工者清楚明确自己的目标，为业主节约费用。

我国更注重对BIM推广以及普及，导致建筑市场关于BIM的专家、顾问以及各种培训机构等层出不穷，但是真正称得上对BIM懂得的人却是凤毛麟角。很多人仅仅在阅读了BIM相关书籍并没有实际操作经验的基础上，认为自己对BIM有了足够的了解，冒充BIM专家从而在实际工程中做出错误的决定。我国的BIM培训机构也开始越来越多，但是所谓的培训机构很多都是对BIM仅仅是一点了解，只能教会别人进行BIM建模而已，对于BIM在工程中的具体应用却毫不知情。这些都导致了我国BIM的发展严重滞后。

在BIM推行的同时，国内的软件厂家也发现了这是一块很大的市场，所以都在不顾实际情况下以自身利益为重点建立属于自己的平台，屏蔽竞争对手。这样使得我国BIM市场变得更加混乱，更加不利于我国的建筑行业向健康的方向发展。

因此在存在诸多障碍的情况下我国的BIM发展严重滞后于国际水平，要想改变这种状况，政府就必须自上而下在诸多方面进行改革，这样方能使BIM在我国建筑业发挥出最大的效用。

二、全生命周期造价管理概述

（一）全生命周期造价管理的概念

全生命周期造价管理（Life Cycle Cost Management——LCCM）最初是由英国人提出的，1974年6月，英国学者戈等在《建筑与工料测量》上发表的文章——《3L概念的经济学》中，提出了“全生命周期造价管理”的概念和研究方向，之后由英美的工程造价学者不断完善推广，现已成为西方发达国家一种普遍使用的工程造价管理方法。其核心思想是从工程项目的全生命周期角度出发，进行建设成本和运维成本的综合考虑，使项目整个生命周期的总造价最小化。

全生命周期造价管理，要求考虑工程项目的造价要从全生命周期出发，采用多学科集成分析方法，通过科学的项目设计和合理的计划安排，追求工程项目总造价的最小化。这里的全生命周期是指自项目的建设前期到项目的建设期，再经过项目的使用期，最后到翻新与拆除期等项目的整个生命周期。对上述全生命周期造价管理概念的理解可深化为以下三点：全生命周期造价管理是工程项目投资决策阶段的分析工具，用于进行投资方案的比较选择；全生命周期造价管理在设计阶段可通过一定的方法，计算出工程项目整个生命周期的成本，从而在保证工程质量的前提下指导设计人员更好地进行项目设计，从而确定最优的设计方案；全生命周期造价管理最根本的是要实现工程造价的最小化，考虑的是工程项目的全部阶段，因此不仅可以用于确定工程造价、控制工程造价，还可以用于事后审计某一阶段的工程造价。

（二）全生命周期造价管理的特点

全生命周期造价管理的范围不只是工程项目的建设阶段，而是它的整个生命周期，即工程项目的决策、设计、实施、竣工验收和运营维护阶段。

由于全生命周期造价管理的涵盖范围较广，所以其涉及的主体也较多，不仅包括投资单位、施工单位、材料和设备供应单位、咨询单位等相关企业，还包括能够代表社会大众的政府，以及工程项目的最终享有者。

全生命周期造价管理的最根本目标是实现工程项目在整个生命周期中总造价的最小化。但工程项目各阶段的造价管理不仅在成本的确定、控制及其管理主体等方面具有独特性，而且前一阶段的造价管理效果对之后的造价管理存在很大的影响。所以，总造价不是各阶段工程造价的简单叠加，要实现总造价的最小化也不单单是对各阶段造价进行优化管理，还要对各阶段造价的相互影响以及它们对工程项目总造价的影响进行考虑。

全生命周期造价管理的内容包括两个方面：一是主要用于工程项目决策阶段的生命周期成本分析，首先是指通过计算生命周期成本进行投资决策方案的分析，其次可用作方案选择的工具，选择设计方案、施工方案和运营维护方案等；二是生命周期成本管理，即管理和控制工程项目全生命周期各个阶段的成本，确保全生命周期成本的最小化。

全生命周期造价管理是可审计跟踪工程成本，亦可主动控制工程成本的管理系统。

（三）全生命周期造价管理的优势

全生命周期造价管理（LCCM）与我国现行的全过程工程造价管理相比，具有以下几点优越性：

投资决策的科学性角度，LCCM注重的不仅是工程项目的建设造价，还有指导人们从工程项目的全生命周期角度出发，综合、充分考虑工程项目的建设成本和工程项目的运营维护成本，然后按照全生命周期工程造价最小化的原则，科学进行可行性投资方案的最优选择，从而使投资决策更加合理。

方案设计的合理性角度，LCCM引导设计人员自觉地对工程项目进行综合考虑，即以全生命周期的角度进行建设成本和运营维护成本的全面考虑，从而在保证工程项目性能和质量的基础上，进行更加科学的方案设计，以实现全生命周期的工程项目成本目标。

工程项目的实施角度，LCCM要求以工程项目全生命周期的角度综合考虑工程造价，从而使施工组织设计方案的评价更加科学，工程合同的总体规划和工程项目施工方案的确定更加合理。

工程项目的社会效益角度，LCCM要求从全生命周期的角度出发考虑工程项目的造价和成本，使项目的不同参与主体进行合理的设计规划，采用符合国家标准的、无污染的节约型环保材料，采取节水、节能设施，加强收集和储存可回收物，实施施工废物的处理措施，实施一次性装修到位的措施等，从而达到降低工程项目总造价的目的，同时更能实现绿色环保和生态目标，从而提升建设工程项目的社会效益。

第二节　BIM 技术在工程造价管理中的应用

一、BIM 信息应用于造价管理的实施措施

BIM模型是三维数字化模型，数据库中的数据粒度已达到构件级，可以提供建设项目造价管理所需的构件信息。因此，应用BIM进行造价管理，可提高构件信息识别工作的效率和准确度，使工程量统计快速、准确，从而改进造价管理流程，提升造价管理水平。所以，采取措施实现BIM信息与造价管理系统的融合显得尤为重要。

（一）BIM 信息应用于造价管理的基础措施

因设计人员在进行工程设计时，只是从自己专业角度考虑问题，不会考虑造价管理工作使用BIM模型时对BIM模型包含信息的要求，也没有把只有造价管理才需要的工程信息加入BIM模型，因此造价人员要方便应用BIM模型进行造价工作须通过以下两种方法。

在设计阶段由造价人员参与定义BIM模型中构件信息，添加造价管理所需专门信息，使造价信息与设计信息高度集成。若工程设计进行修改，则工程造价自动改变；反之，因造价限制而引起的设计修改也会显示在模型中。但这种方法要求设计、造价等项目参与方可协同工作，而且随项目进展BIM模型会逐渐增大，容易超出硬件的承载能力，因此要达到对人员工作流程和技术能力的要求必须倍加努力。

将设计阶段形成的BIM模型中包含的相关造价信息提取出来，与现有的造价管理信息建立链接。这种方法相对来说容易实现，易于达成对人员操作和软件技术的要求，但是需要人工管理和操作因设计或造价变化导致的彼此变动。

（二）BIM信息应用于造价管理的技术措施

BIM与工程造价软件融合可通过以下三种技术手段。

应用程序接口API（Application Programming Interface），用以实现软件间的相互通信，由软件生产商在出售BIM软件时一起提供。三方软件通过API从BIM模型中获取工程造价相关信息，并与现有造价软件集成；当然也可以进行逆向操作，把项目在造价管理过程中修改的数据由造价软件传输到BIM模型中。API的弊端是不够稳定，现在处于快速变化的状态。

开放数据库互联ODBC（Open Data Base Connectivity），是一套数据库访问方法，独立于具体的数据库管理系统，导出的数据可以和不同类型的应用进行集成。使用这种方法有利于BIM模型的轻量化，缺点是要求清晰了解BIM数据库的结构，且BIM模型与数据库的变化不同步。

直接输出到Excel，这种方法看似平淡无奇，但是，操作简单，最为实用，尤其适合比较简单的项目成本预算工作。通过采取上述措施实现BIM信息在造价管理中的便捷应用，才能使BIM技术在工程项目造价管理中的价值得以体现。

二、BIM技术在造价管理中的价值体现

BIM技术在建立集成建设项目全生命周期各种信息的BIM模型时，生成了庞大的数据库，在造价管理中应用BIM技术可提高造价工作的效率和造价管理的水平，具体价值体现如下：

（一）BIM使基础造价数据可及时准确调取

构建BIM三维模型所形成的数据库是BIM的技术核心，模型不仅有集成所有造价元素信息和市场信息，如构件工程量、材料价格等，还可导入类似的历史项目造价数据帮助工作人员完善拟建项目信息模型。另外，在建设项目全生命周期中，当市场产生变动或项目发生变化时，只需调整BIM模型信息，数据库就会随之改变并将变化信息共享至各项目参与方，具有一定的实时性。所以，在建设项目的整个生命周期中，各个阶段中与造价有关的资料数据都可通过BIM数据库进行存储，因而在项目全生命周期，只需按照要求进行参数范围的设定，就可得到造价管理所需的数据。正是基于BIM数据库的实时性，建设项目造价管理人员迅

速、准确地调取所需的基础造价数据，不仅提高了工程造价相关数据的准确性，更加强了工程造价的管理水平，使造价管理与市场发展脱节的状况得以改善。

（二）BIM 使投资估算高效精确

建设项目的投资估算是投资决策阶段的主要造价管理工作，通过调取BIM数据库中储存的与拟建项目类似的已完成项目的造价信息，如人工、材料、机械费用等快速进行投资估算；随着拟建项目BIM模型的建立，利用BIM的可视化特点，通过项目模型的整体察看和局部细节讨论，发现解决潜在问题，从而得到完善后更准确的数据，使投资估算更加精确。

（三）BIM 使工程量计算快速准确

工程量是建设项目工程造价的关键因素，工程量的精确计算是造价管理顺利进行的基础。目前我国对于工程量计算还没有形成统一的标准，传统的工程量计算都由人工完成，不仅效率低，而且容易出错。尤其是随着建设项目规模越来越大，结构越来越复杂，工程量统计越发艰难。应用BIM技术进行工程量统计，不仅可以使预算工作人员节省出更多的时间进行询价、组价等更具价值的工作，而且统计结果客观、准确，可以共享于不同专业，加强专业间协同工作，提高造价管理水平。

（四）BIM 使资源利用充分合理

随着建设行业和社会经济的发展，大型复杂项目逐渐增多，建设周期长且项目信息繁多，若资源安排不够充分合理，极易引起工期延误和窝工现象的发生，使成本管理失控。依据BIM数据库中储存的价格信息进行工程项目任意时间段的造价分析，掌握其资源需求，进而准确地安排项目时间段需投入的工程资金、机械设备、建设材料及人工等项目资源的种类和数量，使项目资源得到合理充分的利用；实现限额领料，有效减轻仓储压力、掌控工程成本，有利于工程造价的精细化管理。

（五）BIM 可有效减少、高效处理工程变更

应用BIM技术在进行模型审核时，通过软件进行碰撞检查可发现设计中存在

的问题，从而在设计阶段及时优化方案，减少施工阶段因设计问题引起的工程变更，节省成本。而当在施工过程中发生工程变更时，传统的处理方法是造价人员确认变更内容在图纸上的位置，从而计算出变更造成的所有构件的工程量变化情况，耗时长且可靠性低；而应用BIM技术，将变更内容关联至BIM模型，只需调整模型中变更构件相关信息，BIM软件就会自动计算汇总出相关工程量变化，过程快速，结果准确，可及时为管理人员提供准确数据。

（六）BIM可有效支持多算对比

工程项目的多算对比是进行成本控制的有效方法，通过多算对比，及时发现工程项目施工过程中存在的问题，对此采取有效措施进行纠偏，使项目费用得以降低，实现成本的动态控制，有利于工程造价的精细化管理。所谓多算对比，是指从施工时间、施工工序、建筑区域三个维度分析对比项目的计划成本与实际成本，这需要拆分、汇总大量有关造价的数据，仅靠人工计算难以实现，要快速实现工程项目精准的多算对比，必须依靠BIM技术。BIM模型中的建筑构件都已参数化，按照规则进行各个构件的统一编码，建立3D实体、时间、WBS的关系数据库，导入实际成本数据可快速实现任意条件下项目成本的汇总、统计、拆分，从而进行精准的成本对比分析，有效了解项目消耗量情况，实现成本动态控制。

（七）BIM使历史数据得以积累共享

已完工建设项目的造价数据，如含量指标、造价指标等对今后类似建设项目具有重要价值，可用作拟建项目投资估算和审核的参考资料；不仅如此，这些数据还被造价咨询企业视为宝贵财富，可增加其核心竞争力。但在现阶段，建设项目竣工结算后，造价单位大多将项目造价数据以纸质形式存放于档案柜或以Word、Excel等电子文档形式存放于硬盘、U盘中，没有形成系统整体，面对数量如此庞大的造价数据，之后类似建设项目进行参考查找相关数据时会非常困难。而应用BIM技术对工程造价数据进行详细分析并形成电子数据，可有序整合至一个数据库中，便于数据调取、共享和积累。历史造价数据不断积累，借助于这些数据，新建项目可快速建立BIM模型，提供协同工作平台，使各参与方共享项目数据。

经过以上对于BIM技术在造价管理中的价值分析，不难看出在建设项目生命周期的各个阶段都可利用BIM技术进行造价管理。

三、BIM 技术在造价管理中的应用

（一）投资决策阶段

造价管理在决策阶段的主要工作，即拟建项目的投资估算工作要快速准确，从而协助投资方比选建设方案。基于BIM进行投资估算，首先根据拟建项目功能需求，参考数据仓库中类似已完工程的BIM模型构建拟建项目的BIM模型。造价人员通过BIM模型可便捷获取建设工程的工程量，结合方案特点和数据库造价信息确定的项目价格数据，利用造价软件快速准确地进行投资估算，为投资方进行科学的项目决策提供准确的造价数据。

（二）设计阶段

建设项目工程设计对造价管理工作影响甚大，设计阶段的费用为工程项目总费用的1%～3%，但设计阶段对工程造价的影响程度高达70%～80%。在设计阶段，主要通过限额设计确定和控制工程造价，即按照建设单位批准的投资估算进行初步方案设计，控制设计概算；然后按照初步方案的设计概算进行施工图设计，控制施工图预算。但使用传统的设计方式，造价工作在设计完成后才能进行，无法根据限额在设计过程中进行方案优化，因此难以做好限额设计。

基于BIM进行限额设计，首先由投资方通过企业BIM数据库所累积的历史指标制定限额指标，然后设计人员从BIM模型的历史数据中选取类似项目的相关设计指标，根据限额指标快速进行初步方案设计；同时造价人员利用造价软件计算核对各设计单元的工程造价，从而优化设计细节，实现初步方案的限额设计；之后，设计人员根据通过审批后的设计概算进行施工图设计，完善BIM模型，造价人员通过模型获取准确的工程量，可以编制出精确的施工图预算，为之后的造价管理工作奠定良好基础。另外，在设计阶段，通过BIM技术整合建筑、结构、设备等专业至统一的BIM平台，基于BIM模型的可视化进行专业间的碰撞检查，及时发现设计错误、设计遗漏、构件冲突等设计问题，减少施工过程中由此引起的设计变更或返工现象，缩短工期，节约成本，有效控制工程造价。

（三）招投标阶段

应用BIM技术进行招投标使工作更加高效准确，更加公正透明。应用BIM技术，通过设计单位提供的BIM模型，业主方或由其聘请的招标代理机构可快速获取项目工程量信息，结合项目实际的具体特征编制工程量清单，有效避免清单漏项、工程量计算错误等状况发生，工程量清单的准确性使标底更加合理，是招标工作顺利开展的有利条件。招标单位出售招标文件时，将附加有工程量清单的BIM模型一起发给购买方，保证设计信息在传递中的完整性，同时减少购买方编制投标文件的工作量。投标单位可根据该模型快速获取工程量数据，结合招标文件的相关条款快速核对工程量清单，编制有效的且具有竞争力的投标方案。

另外，以互联网为基础，应用BIM技术进行招投标，有利于外地施工企业参加项目投标，加大竞争力，提升工程项目的质量；有利于管理部门对招标投标工作进行实时动态监管，对招标工作的公平公正和透明化起到良好的促进作用。

（四）施工阶段

施工阶段是建设项目资源消耗、成本形成的主要阶段，因此在施工阶段采取有效措施实施造价管理尤为重要。应用BIM技术，在BIM三维模型的基础上加上时间元素、工程费用元素形成BIM的5D模型，可为各项目参与方提供造价管理和施工计划所需全部数据，有助于编制合理有效的资源计划、动态查询工程量、实现多算对比和限额领料等，从而提高工程造价管理水平。

（五）竣工验收阶段

建设项目往往在竣工移交过程中会发生很多问题，包括工程信息流失、竣工资料不全、图纸错误等。在传统造价管理模式下，工程项目的竣工结算对相关造价人员来说是一项艰巨且烦琐的任务，尤其是核算项目工程量的工作过程。传统的竣工结算工作，施工方和建设方的双方造价人员都是通过二维的竣工图纸，参考各自在造价计算过程中形成的工程量计算文件等资料，对墙梁板柱等构件逐一核对工程量，工作量极大而且过程极其烦琐，很容易出现疏漏，导致结算“失真”。若遇到双方工程量计算有差异的，须重新进行深入的核对；若对工程量计算规则持不同意见，则须双方共同查询确定计算规则。竣工结算时间由工程具体情况决定，有的持续几个月，有的则会持续几年时间。

而应用BIM技术将彻底改变上述状况，不但可以积累储存完整的工程资料，还可以加快结算的工作速度，提高工程结算的质量。在施工阶段，随工程进展、设计变更、索赔签证、工程进度款支付等工程信息不断录入BIM模型中，使BIM模型得到不断的更新完善，到竣工移交时，其信息量足以呈现出竣工工程实体。因此，应用BIM模型统计的工程量准确完整，在模型中加入综合单价即可框图出价，提高了结算工作的效率，减少了双方分歧，有利于节约双方成本。

（六）运营维护阶段

对于建设项目，占据它生命周期时间最长的是进行价值体现的运营维护阶段，当然该阶段成本也是最高的。运营维护阶段如此重要，若开发单位在将竣工工程交付给运维单位时，能同时移交工程项目完整详细的信息数据，则可制订合理的运营维护方案，减少运维费用，从而使全生命周期工程造价最小化。但是在传统的管理模式下，往往由于变更信息缺失等原因，使得工程项目的数据资料不够完善，因此不能提供给运维单位完整的工程资料，造成运维管理困难。而应用BIM技术，可将设计和施工过程中的工程图纸、施工信息等工程资料全部统计汇总，并以统一的数据格式存储于BIM模型中，因此将BIM技术在设计和施工阶段的应用延续至运维阶段具有重要意义。通过BIM模型，运维单位不仅可以对工程项目进行整体了解，还可以利用可视化功能迅速掌握设施的具体数据（如型号、尺寸等）以及设施间的空间关系等，方便培训工作人员对业务的熟悉度，使运维管理工作轻松到位，节省管理成本。

在建设项目的使用周期内，需要不断维护建设项目的结构设施和设备设施。运维单位通过BIM模型可方便快捷地获得工程项目设施设备的设计参数和使用功能及运行维护等信息。因此将BIM模型与运营维护管理系统进行结合，发挥BIM模型的空间定位优势，可制订出合理有效的维护计划，对设施设备进行定期保养、检修和准时更换，有效降低设备的折旧率，延长其使用寿命；减少设备维修、更新费用，进而节约维护总成本。

另外，通过BIM模型按区域统计分析从水表、电表和煤气表等仪器获取的能耗数据，可直观地发现是否有能耗异常现象，若有异常，可对异常区域进行针对性的检查分析，然后调整相关设备使能源消耗恢复至正常水平，减少能源浪费，节约成本。

综上所述，在建设项目各个阶段应用BIM技术进行造价管理，可提升各阶段造价管理的工作效率和工作精细度，有效控制成本。因而，构建基于BIM技术的全生命周期造价管理系统，实现工程项目各阶段间造价管理的动态联系，可控制工程项目的总造价，提高投资效益，实现项目增值。

第三节　构建基于BIM全生命周期造价管理系统

BIM技术的作用是实现工程信息在建设项目全生命周期的无损传递和充分共享，将BIM技术应用于工程造价管理，打破其分割状况，实现造价信息的横、纵向共享与协同，可对工程造价进行实时、动态的精确分析。因此，以BIM技术作为工程造价管理信息化的载体，构建基于BIM的全生命周期造价管理系统，可提高各项目参与方的成本控制能力，有效提升工程造价的工作效率，使造价人员节省繁重算量、反复核算成本的工作时间用以细节优化，从而节约成本，改变行业管理面貌。

一、全生命周期造价管理信息系统

工程造价管理信息系统是指，在工程造价管理中应用计算机形成的集成化系统，可进行工程信息搜集、加工整理、交流传递、存储、维护等烦琐工作，也可将积累的工程信息进行运算分析为管理人员提供有效信息，进而做出合理的造价管理决策，有效控制工程造价。

（一）全生命周期造价管理信息系统的功能要求

全生命周期造价管理的时间跨度大，涉及范围广、内容多，需要不同项目参与方协同工作，也需要不同软件的无缝对接来实现造价信息的集成共享，从而以项目整体角度来系统性地把握各阶段的工程造价，实现全生命周期造价最小化。也就是说，要实现全生命周期造价管理的目标，需要完成工程项目的组织集成、过程集成及信息集成等，因此，全生命周期造价管理信息系统应具有以下功能：

1.提供开放接口的数据信息平台

通过该平台，建设项目全生命周期的不同使用者可根据需要便捷获取准确的数据信息，消除信息交流障碍，打破信息孤岛，提高信息的透明度，从而使各项目参与方进行合理决策。

2.全生命周期应用系统有效集成

通过数据信息的相互操作，改变应用系统专用且与数据平台无关的状况，实现应用系统和平台之间的无缝对接，增强软件系统之间的互操作性，减少信息在不同界面间的流失。

3.造价管理信息系统功能完备

为了满足不同项目参与方在工程项目不同阶段的个性化需求，系统不仅要包含工程项目全生命周期造价管理所需的各项功能，还应针对不同要求使软件具有更加专业化的功能。

（二）全生命周期造价管理信息系统的实现方法

由以上对全生命周期造价管理信息系统功能需求的分析可知，该信息系统的功能需求要实现需要完成以下环节：

对工程项目造价管理在全生命周期各阶段产生的信息进行收集分析，并针对信息制定统一的分类编码体系，做好信息数据的存储和提取工作。

利用与信息平台无关的编程语言，通用的数据交换标准和强大的交互操作模型实现整个造价管理应用系统的集成。

将项目信息存储在集成模型中，通过计算机等网络设备，利用网络通信技术，完成集成信息在各项目参与方中的传递、交流和共享。

采用功能强大的软件使造价管理实现智能化，使信息系统更好地发挥辅助决策的主动性。

二、构建基于BIM的全生命周期造价管理系统

（一）基于BIM的造价管理信息系统架构设计

在构建信息系统时，考虑到全生命周期造价管理的信息共享等特点，系统

采用B/S（Browser/Server）架构，其功能核心集中于服务器，客户机只需安装一个浏览器，对系统进行维护和升级只针对服务器即可，节省成本是显而易见的。这种浏览器/服务器的架构模式是随Web的兴起而发展形成，在这种架构下，服务器与终端以及终端之间的连接通过网络实现，保证信息数据得到及时传输和有效共享，因此用户只需使用Web浏览器就可在任意地点通过广域网进行信息浏览和处理。B/S架构建立在中间件产品的基础上，中间件是独立的系统软件，可实现应用间的互操作性，并保证系统的安全运行，系统通过中间件分为三个处理层次，即表现层、应用层和数据层。

表现层，即终端用户的访问界面。终端用户群的不同用户被赋予不同的操作权限，用户通过Web浏览器和HTTP超文本传送协议，在获取相关身份权限认证后，进行相关操作。浏览器向服务器发出HTTP请求，之后服务器返回的HTTP响应会显示于浏览器上。

应用层，即实现系统功能的中间层。在应用服务器上加载系统应用程序，通过中间件接受用户请求，再执行相应程序完成请求的造价管理业务，然后将处理结果通过中间件反馈于浏览器上。

数据层，即提供数据的服务层。该层的任务是通过中间件的连接，接受应用服务器提出的数据操作请求，并通过结构化查询语言SQL完成数据存取、查询、更新等操作，最后向应用服务器提交运行结果。

在该数据层，数据流同步触发器加载于中间件与数据库中间，是实现BIM功能的重要组件。它可集成BIM数据库中各分类数据库，如消耗量、费用等相应数据库的数据，实现数据的集成管理，从而可快速、准确地响应前端应用程序的数据操作请求。

（二）基于BIM的全生命周期造价管理系统具体构成

基于BIM的造价管理平台，其形成关键是建立工程项目的BIM模型，并通过BIM模型的数据接口（API或ODBC）与造价应用软件动态连接，从而给各项目参与方提供一个信息交流与协同工作的平台，这样各参与方都可在权限范围内由统一的BIM模型提取信息并进行相关的造价分析工作，以支撑工程项目全生命周期的造价管理。

基于BIM的造价应用软件，从全生命周期的角度出发，针对各个阶段、各个参与方的造价管理功能要求，满足其个性化需求，并通过统一的信息编码和交换标准实现各个不同功能造价软件的集成，实现工程项目的造价管理信息化。

（三）基于 BIM 的全生命周期造价管理系统工作流程

从建设工程项目决策、设计到施工再到运营维护的各个阶段，不同专业人员可通过广域网向系统服务器发出操作请求，通过BIM参数化模型的数据库获取各自所需的信息数据，由集成的造价软件完成相应的造价工作，并将工作成果以IFC标准格式反馈至BIM模型进行信息更新，更新后的模型信息可供下一个阶段参考使用，这样BIM模型在全生命周期中得以充分利用。工程项目的各参与方在整个生命周期中通过基于BIM的造价管理平台协同工作，实现了造价信息的交流、共享和集成，实现了工程项目各个阶段的有效集成，从而达到工程项目的全生命周期造价管理。

（四）基于 BIM 的全生命周期造价管理系统模块

从工程项目的整个生命周期跨度，考虑不同阶段造价管理的具体内容，考虑不同阶段不同参与方对造价软件功能的不同需求，通过对工程项目全生命周期造价管理系统的组织结构和运行流程进行分析，将基于BIM的全生命周期造价管理系统分为八个管理模块。从表面上来看每个模块都具有独立功能，但实际上八个模块的信息数据存在相互交叉的共享关系。

1.基础数据管理模块

基础的信息数据是进行工程项目造价管理的前提，该管理模块的主要功能有：建立企业定额库并不断维护更新；通过对积累的历史造价数据分类管理形成各种工程造价指标，并对应于相应时期的经济、社会条件；实现BIM模型中全生命周期造价信息和历史造价数据库的远程支持；建立可随时调用市场价格的网络平台。

2.费用管理模块

费用管理模块具备的功能有：可自动按照清单划分标准，将BIM模型中的构件工程量进行分类，准确计算、审核项目生命周期中各个阶段的造价；通过BIM三维模型与时间、成本的集成，可预测工程项目在全生命周期中各节点所需资金情况，从而合理分配资金；支持三个维度（时间、工序、区域）的对比；利用

BIM数据库中的以往项目成本数据，形成各个阶段的成本标准，以供之后项目作为参考。

3.资源管理模块

资源管理模块的主要功能：通过BIM模型的可视化进行工程项目施工模拟，科学制订有前瞻性的资源计划；通过BIM技术与GPS、射频识别技术RFID的结合，动态跟踪、实时监控施工现场的资源消耗情况；动态查询BIM模型中任意时段、节点的资源消耗量；能够利用BIM模型对比分析任意节点、任意时间段的资源计划消耗量与资源实际消耗量。

4.招投标管理模块

从招标、投标单位两个方向分别考虑该模块功能：招标单位利用设计阶段生成的BIM模型直接形成项目的工程量清单，并附在出售的招标文件中；投标单位通过BIM模型快速获取工程量数据，并根据自身情况，合理制订具有竞争力的投资方案；招标单位通过BIM技术模拟不同的投标方案，经比较后更好地进行准确评标；可通过在线招投标使工作程序更加规范、更加透明。

5.合同管理模块

合同管理模块具备功能：利用BIM模型进行精确的合同评审并将结果保存于数据库中；利用计算机互联网技术提供在线的台账管理、会签支付等工作；BIM模型随工程变更实时更新，可自动统计工程量变化并进行对比，方便进行变更索赔和合同变更管理。

6.风险管理模块

风险管理模块可利用BIM模型动态模拟工程项目的施工进度和资源需求等，并结合历史资料和实际环境尽早进行风险识别，生成项目风险清单；利用计算机辅助进行风险度量，从而制订风险应对计划，有效控制项目风险，以保证项目成本目标的实现。

7.信息管理模块

工程项目的信息交流与共享效果对造价管理水平的影响很大，信息管理模块的功能包括：实现BIM文档在系统中的上传下载、审阅修改、实时更新等；各项目参与方通过视频会议、在线审批、在线讨论等实现协同工作；能够实现工程变更、原始记录审批等管理业务流的自动化，并跟踪统计处理情况，及时更新项目信息。

8.设施管理模块

该管理模块以全生命周期造价最小化为目标，将项目生命周期中两个阶段即前期策划与后期运维联系起来实施管理。主要功能包括：在项目投资决策阶段，运用BIM模型分析评价建筑设施的寿命周期成本；通过BIM模型将资产信息无缝传递给项目运维单位；在运营维护阶段，利用BIM模型对项目环境、设备运行等进行模拟，科学制订运维计划，实施运维监控。

三、基于 BIM 的全生命周期造价管理系统运行

（一）投资决策阶段

要运行造价管理系统，首先建立拟建项目的BIM参数化模型。运用BIM模型的可视技术对项目方案进行模拟，通过数据库中历史数据并选择合适方法进行项目的全生命周期成本分析，对比选择最优方案；由于建设工程项目从投资决策到运营维护的整个生命周期中会产生大量有关工程造价的经济及技术信息，运用基于BIM技术的造价管理系统中基础数据管理模块，对历史项目的造价信息进行分类处理，生成各种造价指标并存放于BIM模型的数据库中，通过工程特征值实现拟建项目与数据库中造价指标的自动对应，利用筛选出的指标，通过网络平台调用市场价格，可更加快速准确地进行投资估算，辅助选择投资方案，控制工程项目概预算。

（二）设计阶段

在设计阶段，项目参与方以工程项目全生命周期成本最小化为原则进行工程设计，初步设计完成后，通过BIM三维模型可快速统计工程量，之后由造价软件快速进行设计概算，并与设计指标对比以改善设计，按照限额设计选择设备、材料，确定施工方案等，形成详细的BIM模型，通过造价管理系统进行施工图预算。该阶段最终形成的BIM模型、施工图预算及各种文件也将自动分类存入BIM数据库。

（三）招投标阶段

运用基于BIM的造价管理系统的招投标管理模块，通过设计阶段形成的BIM

模型数据库，招标单位可快速编制准确的工程量清单；投标单位根据招标单位提供的载入工程量清单的BIM模型，快速核对工程量，制定更加合理的投标策略，编制更具竞争力的预算书等投标文件。在该阶段由各方产生的合同文件、中标合同价等资料分类存储于BIM数据库中，便于日后查询、核对。

（四）施工阶段

在施工阶段，项目参与者主要为施工单位，施工单位从项目全生命周期角度出发，运用基于BIM的造价管理系统中风险管理模块，通过设计阶段形成的BIM模型制订风险应对计划，及早采取措施减少风险损失；运用资源管理模块，制订合理的资源计划，并通过动态跟踪、实时对比来控制资源消耗，真正实现限额领料；若发生工程变更，可运用合同管理模块进行变更管理，快速确定变更工程量，减少双方争执；通过费用管理模块，通过多算对比进行动态成本分析，加强资金管理；随工程项目进展，系统数据库实时更新，通过BIM模型可根据需要快速拆分、汇总任意所需阶段工程量，准确形成造价文件，从而快速进行工程进度款结算与支付。同时，BIM数据库随工程进度不断更新，便于进行竣工结算。

（五）竣工验收阶段

工程项目从投资决策到竣工验收，产生的项目信息不断地录入BIM模型，特别是包含了施工阶段的设计变更、索赔签证、工程进度款支付等工程信息。BIM模型的更新完善使其信息量在竣工移交时足以呈现竣工工程实体，因此应用BIM模型统计的工程量准确完整，在模型中加入综合单价即可框图出价，进行竣工结算。

（六）运营维护阶段

在运营维护阶段，BIM模型信息与工程实际信息一致，通过BIM模型实现工程项目由建设到运维的无缝交接，通过BIM模型，运维单位工作人员可快速掌握项目设施信息。利用BIM模型对项目环境、设备运行等进行模拟，科学制订运维计划；通过BIM技术与GPS、射频识别技术RFID的结合，实时监控设备运行参数；结合设备维护信息可判断设备运行状况，进而做出科学决策；采取合理措施进行设备维护，延长设备使用寿命，做好报废更新方案，有效节省成本。该阶段的所有信息数据保存于BIM数据库中，以备之后的工程项目参考使用。

结束语

建筑工程管理全过程造价控制工作至关重要，是系统性工作贯穿于整个项目的施工周期，与施工各个阶段联系紧密。为了整个建筑行业的健康正面的积极发展，推进建筑工程中全过程的造价控制的水平进步，从投资阶段到最后的竣工结算，每一个部门都应该认真对待，只有各部门的相互配合、团结协作，才能推进造价控制工作的顺利进行，才能确保工程项目的效果，进而保证整个项目的质量水平和企业的经济效益。

参考文献

[1]丁蓉蓉.全过程管理在建筑项目工程管理中的应用[J].中国建筑金属结构，2020（11）：36–37.

[2]李红光.建筑项目工程管理中进度管理的解析[J].居舍，2020（26）：148–149.

[3]李莉.建筑项目工程管理中进度管理的解析[J].价值工程，2020，39（17）：26–27.

[4]叶黎明.建筑企业管理及建筑项目工程管理的关系分析[J].智能城市，2019，5（18）：110–111.

[5]王艳芳.建筑项目工程中可行性研究的作用[J].居舍，2018（18）：137.

[6]黄向阳.探究加强建筑项目工程管理的有效措施[J].江西建材，2017（24）：255.

[7]孔林华. 基于BIM的全过程工程造价管理[D].兰州理工大学，2017.

[8]韩建军. 建筑工程项目全过程的造价管理研究[D].湖北工业大学，2016.

[9]潘轲通. 建筑工程项目标准化管理研究[D].西安科技大学，2016.

[10]张旭林. 建筑工程总承包项目管理中存在的问题及对策研究[D].重庆大学，2016.

[11]寇雪霞. 基于BIM技术的工程项目全生命周期造价管理研究[D].东北林业大学，2016.

[12]陈光奇.浅谈可行性研究在建筑项目工程中的作用[J].建材与装饰，2016（06）：205–206.

[13]王猛.建筑项目工程成本管理中存在的问题及对策[J].中外企业家，2015（17）：104–105.

[14]汪俊虎. 建筑工程项目风险管理分析与研究[D].武汉理工大学，2014.

[15]刘祉妤. 国内建筑工程项目管理模式研究[D].大连海事大学，2013.

[16]黄志挺. 建筑工程前期阶段造价的控制与管理[D].浙江大学，2013.

[17]聂丽. 建筑施工企业工程项目质量成本管理研究[D].西华大学，2013.

[18]徐伟豪.浅析建筑项目工程的质量管理[J].建筑设计管理，2012，29（11）：25-27.

[19]涂小京. 建筑工程项目信息化集成管理技术及系统研究[D].武汉科技大学，2012.

[20]徐锋. 现阶段我国建筑工程招投标存在的问题及对策研究[D].长安大学，2010.

[21]唐亮. 建筑工程项目管理合作联盟研究[D].上海交通大学，2009.

[22]王洋. 我国工程项目招投标管理规范化研究[D].西安科技大学，2009.

[23]陈明新. 建筑工程项目质量管理与控制研究[D].中国海洋大学，2009.

[24]郭晓霞. 建筑工程项目集成管理研究[D].西安建筑科技大学，2009.

[25]肖述鹏. 关于项目管理在建筑工程总承包中运用[D].贵州大学，2006.

[26]刘必胜. 我国建筑工程项目风险管理模式分析探讨[D].合肥工业大学，2006.

[27]马仁俭. 中国建筑工程项目管理模式调整研究[D].哈尔滨工程大学，2003.

责任编辑：李玉铃
封面设计：姜乐瑶

ISBN 978-7-5578-9277-7

定价：68.00元